习近平谈生态文明十大金句

绿水青山就是金山银山。

——在哈萨克斯坦纳扎尔巴耶夫大学回答学生问题时指出，2013年9月7日

要像保护眼睛一样保护生态环境。

——在云南考察工作时的讲话，2015年1月

良好生态环境是最普惠的民生福祉。

——在海南考察工作结束时的讲话，2013年4月10日

生态环境保护是功在当代、利在千秋的事业。

——在十八届中央政治局第六次集体学习时的讲话，2013年5月24日

生态环境是关系党的使命宗旨的重大政治问题。

——在十八届中央政治局常委会会议上关于第一季度经济形势的讲话，2013年4月25日

山水林田湖草是生命共同体。

——对《中共中央关于全面深化改革若干重大问题的决定》作说明时指出，2013年11月

用最严格制度最严密法治保护生态环境。

——在十八届中央政治局第六次集体学习时的讲话，2013年5月24日

对造成生态环境损害负有责任的领导干部，必须严肃追责。

——在十八届中央政治局第四十一次集体学习时的讲话，2017年5月26日

生态兴则文明兴，生态衰则文明衰。

——在十八届中央政治局第六次集体学习时的讲话，2013年5月24日

共谋全球生态文明建设，深度参与全球环境治理。

——致生态文明贵阳国际论坛2013年年会的贺信，2013年7月18日

生态文明
美丽婺源

婺源县发展和改革委员会
婺源县老科学技术工作者协会 编

中国科学技术大学出版社

内 容 简 介

独有的地理条件和独厚的"生态文化"传统造就了婺源优良的生态环境。在这里,每个古村落都有绿冠如云的水口,每条山脉都披着绿色盛装,每条溪河都尽畅其流。不难想象,生活在这里的人们,享受着壶天洞水般的美妙生活。

本书在内容上分为婺源山脉、婺源水系、婺源林业、婺源古村落、婺源自然风景区、婺源交通、婺源绿茶、婺源植物、婺源生物九部分,介绍了婺源传承的生态文明基因、践行的生态文明思想、形成的生态文明建设的成果。本书的出版展现了婺源人领会、贯彻、执行"绿水青山就是金山银山"重要论述取得的令人瞩目的成果,有助于提高全社会对生态文明重要性的认识。

图书在版编目(CIP)数据

生态文明 美丽婺源/婺源县发展和改革委员会,婺源县老科学技术工作者协会编.—合肥:中国科学技术大学出版社,2021.5
ISBN 978-7-312-05221-7

Ⅰ.生… Ⅱ.①婺… ②婺… Ⅲ.生态环境建设—研究—婺源县
Ⅳ.X321.256.4

中国版本图书馆CIP数据核字(2021)第084747号

生态文明 美丽婺源

SHENGTAI WENMING MEILI WUYUAN

出版	中国科学技术大学出版社
	安徽省合肥市金寨路96号,230026
	http://press.ustc.edu.cn
	https://zgkxjsdxcbs.tmall.com
印刷	合肥市宏基印刷有限公司
发行	中国科学技术大学出版社
经销	全国新华书店
开本	710 mm×1000 mm　1/16
印张	17.5
字数	269千
版次	2021年5月第1版
印次	2021年5月第1次印刷
定价	59.00元

　　要想真正理解一个称谓的内涵，是需要时间去涵泳、情感去体味、脚步去丈量的。婺源被评选为"中国最美乡村"，为了加深对世人给予婺源的这一嘉名的理解，我和全县干部群众一起，付出了时光、融入了感情。时间越长，依恋越浓，就越渴望去细细踏寻、细细品味，也越能体会到婺源无法用简单词语来定义和概括的美。她融汇了物质和精神、历史和现实、生态和文化、科学和道德、建设和保护等多重元素，并将这一切倾洒在这片近3000平方千米的土地上，映照在新时代的春风夏雨之中。她是天造地设的尤物，更是千百年来无数婺源人和婺源热爱者精心打造的杰作。为了保持并延展这种大美，人们从未停歇艰辛而又幸福的劳动，并钟情着，享受着，讴歌着，期待着，天地之间，流淌着一种永远让人敬畏的精神情怀。

　　打开这本由婺源县发展和改革委员会、婺源县老科学技术工作者协会编写的《生态文明　美丽婺源》，扑面而来的文字和图片，像是一位深情的向导，引领我们抛开一切羁绊，去寻觅这里的每座山峦、每条河流、每片森林、每汪湖泊，去倾听每一声舒心的鸟鸣，欣赏每一簇醉眼的枫红，眺望每一抹绚烂的霞光，凝视每一座安详的村庄。此后，读者们一定会觉得，平日里司空见惯的风景，竟然蕴藏着如此丰富的我们所未知的奇妙意韵，仿佛有种循着天籁之音去触摸这片土地前世今生的悸动，又像是受了某种灵感的启迪，为即将揭开她的生命密码而暗自心喜，让人心甘情愿地迷失在如此峰回路转、柳暗花明的深情诉说之中。生态文明的深刻内涵，昭示着我们每一位热爱家乡、热爱生活的人，更加关注我们生活中的山、水、林、田、湖、草的健康状态，更加尊重、顺应和保护它们的永续发展，也吸引着更多的人自觉加入"美丽中国（婺源），全民行动"之中。

党的十八大以来，以习近平同志为核心的党中央，把生态文明建设摆在了治国理政的突出位置，提出了一系列重要论述，推动生态文明从实践到认识发生历史性、转折性、全局性变化。而"生态兴则文明兴""绿水青山就是金山银山"等重要论述，更是形象生动地表述了生态建设与全面发展、人类未来之间的深刻关系，指导着我们谋全局，抓长远，重细节，练内功，努力实现全域美好和全民美感的统一。

知之深，才能爱之切。进一步加深对婺源生态文明状态的了解，有益于全县上下凝聚力量，深化感情，延展韧劲，巩固优势，把生态文明建设推向更高的境界。与以往编写的宣传婺源的读本有所区别，《生态文明　美丽婺源》的编写，在解读婺源、宣传婺源方面进行了一次不同层面的有益尝试，很有意义。轻轻撩起生态面纱，对婺源这个可以诗意栖居的地方，又有了新的诠释，也希望大家今后更多更好地进行这样的探索。

想起诗人艾青的名句："为什么我的眼里常含泪水？因为我对这土地爱得深沉……"愿每一位热爱婺源的人，都能为这片土地的美丽富饶而奉献全部的智慧和力量！愿我们深爱着的婺源更加安宁祥和！

中共婺源县委书记　

2021年3月

在婺源相关部门的共同努力下，《生态文明　美丽婺源》即将付梓。这本兼具知识性和趣味性的通俗读物全方位、多维度地介绍了婺源生态文明建设的成果，促进了对婺源生态文明的宣传，它的出版必将为婺源本埠和外界了解婺源、推介婺源、发展婺源起到积极而有益的作用！

生态是婺源的立县之本，也是婺源的发展之本。作为一个偏处赣、浙、皖三省交界的山区县，"中国最美乡村"的美名之所以享誉海内外，归根结底，得益于婺源的生态文明建设成就。

婺源的生态条件和生态资源是得天独厚的。"八分半山一分田，半分水路和庄园"的婺源全县森林覆盖率高达82.64%，空气环境质量、地表水环境质量达国家一级标准，负氧离子浓度每立方厘米超过10万个，空气环境质量平均优良天数比率、断面水质达标率均位于江西省前列，生态环境综合指数（EI）达84.79。全县有草本、木本物种5000余种，国家一、二级重点保护动植物80余种。县境内有世界濒临绝迹的鸟种蓝冠噪鹛，还有世界最大的鸳鸯越冬栖息地鸳鸯湖。

为了守住这"望得见山，看得见水"的"乡愁"，婺源人付出了巨大的努力。党的十八大以来，婺源县政府认真贯彻落实习近平总书记的生态文明建设重要战略思想，牢固树立"绿水青山就是金山银山"的生态意识，大力推进生态文明建设。

不仅通过实施"资源管护、节能替代、造林绿化"三大工程，进一步提升生态质量，还在全县范围内实行"禁伐天然阔叶林"，对人工更新困难的山场实行全面封山育林，将公益林扩大到155万亩（1亩合666.7平方米）。且在国内首创自然保护小区模式，设立各类自然保护小区191个，创建国家级自然保护区1处、国家级湿地公园1个、国家级森林鸟类自然保护区1个，保护面积达65.4万亩。同时，开展农村面源污染"十大整治"工程，实施"林长制""河长制"，加强农村工业企业污染整顿，切实保护了全县的绿水青山。

践行新发展理念的婺源，也走出了生态环境高水平保护与经济社会高质量发展有机融合的道路。婺源皇菊、有机茶叶、铁皮石斛、高山油茶、中草药材等"一村一品"的特色产业相继涌现；全县油菜种植面积12万亩，赏花高峰期接待游客537.5万人次，带动旅游实现综合收入39亿元；全县皇菊种植面积2000余亩，年产值4000多万元；全县发展有机茶园19.2万亩，有机绿茶连续20多年占据欧盟出口市场半壁江山，婺源绿茶品牌价值达17.34亿元，茶产业年产值突破50亿元；全县累计创建省级休闲农业示范点5个、市级示范点2个、县级示范点20个。

不仅如此，婺源还依托良好的生态资源，大力发展全域旅游。全县拥有国家AAAAA级景区1个、国家AAAA级景区14个，AAAA级以上景区数量位居全国县城之首，接待游客人次连续13年居全省之首。每年举办省级以上体育赛事40余项，间接带动游客超过100万人次，每年有300多所美术院校10万"写生大军"、50多万名摄影爱好者来婺源从事创作。全县直接从事旅游人员达8万人，间接受益者超25万人，占全县总人口的70%，将"绿水青山"实实在在地转化为"金山银山"。婺源先后获得了"全国'绿水青山就是金山银山'实践创新基地""全国森林旅游示范县""国家乡村旅游度假实验区""国家生态文明建设示范县""中国旅游强县""中国优秀国际乡村旅游目的地"等30多张"国字号"金牌名片。

生态文明建设永远在路上。面向新时代，婺源人民将继续紧紧围绕生态文明建设要求，坚定信心、锐意进取、真抓实干，让婺源青山常在、绿水长流，为美丽中国打造"婺源标杆"，贡献"婺源力量"！

谨此为序。

中共婺源县委副书记、县长

2021年4月

目录

目 录

第一章

婆源山脉

远近高低各不同

方跃明

　　新安别无奇，只有千万山。千万万山中，其奇乃出焉。下者为砚石，与世生云烟。高者无系累，飘然出神仙。忽生朱晦庵，追千万世前，示千万世后，如日月当天。呜呼！新安生若人，不知再生若人是何年。

——许月卿《新安》

　　南宋文学家、婺源许村人许月卿的《新安》一诗，不仅真情倾诉了他对南宋时期的教育家、理学家、婺源先贤朱子的崇敬之情，同时也形象地描写了包括婺源在内的整个徽州大地的基本风貌。

　　是的，婺源多山。无论作为昔日归属皖南的徽州府，还是作为今日归属赣东北的上饶市，婺源都是赣、浙、皖三省交界的山区。县内秋口镇言坑村三十里埠有一块"三省石"，村内至今还流传着明洪武皇帝朱元璋发迹之前的离奇故事。而在江湾镇大畈村境内的莲花山上，同样吸引着众多的"驴友"到此亲自体验"一脚踏三省"的乐趣。在婺源全境近3000

平方千米的土地上，"山"是婺源的地貌符号，更是与人们日常的生产生活息息相关的必要元素。在这里，出门要翻山，砍柴要进山，种田要开山，建房要平山，修路要穿山，泄洪要劈山。甚至清明节挂纸钱、节日祭祀、入庙进香等，也要扫山、拜山。"柴米油盐酱醋茶"这开门七件事围绕着山，山既是婺源人无法回避的生活环境，又是婺源人须臾离不开的生活内容。因此，"开门见山"也是每一位婺源人真实的生活写照。

从全县地理分布情况来看，婺源境内东北部多崇山峻岭，西南部多丘陵平地。全县地势东北高、西南低。地形切割，深而零碎；山峦起伏，走向不一。这里的山，终年青翠，逶迤秀丽，云缠雾绕，景色优美。同时，这里水量充沛，河流湖泊较多，动植物资源也比较丰富。虽然婺源境内海拔1千米以上的高山有近30座，但从江西省整体地形地貌来分析，婺源地形以中、低高度的山和丘陵为主，属于丘陵地貌。

在婺源从东北到西南的边界线上，依次分布着石耳山、石门山、天堂山、莲花山、大鳙山、灵山、五龙山、大庾山、严池山、高念山、高贵山、高湖山、大鄣山、大广山、莒莙山、水岚山、石城山、大连山、四十里垅、大油山、濬源山、秀山、吴源山、嶂崌山、天王寺山、黄瓜尖岭、金龙尖、桃源大冲山、三十里垅等大小山梁几十座。这些山，有的高耸入云，有的崔嵬横亘，有的绵延逶迤，有的盘曲九折，这些大小山峦连在一起，就像一座天然的屏障，将婺源紧紧地拥在怀里，保护着婺源免受外界的袭扰。只在婺源的正南面留下一截极为狭小的地带，乐安河就从这里出境，让婺源人放簰泛舟，运茶载粮……

除了边界线外，在整个婺源中部的其他地方乃至县城，还有大小各异、风景不同的龙尾山、阆山、白牛山、郭母山、鸡笼山、凤凰山、琥珀山、霞坑尖、五珠山、小湫山、日山、月山、船漕岭、翀山、鸡山、古城山、三灵山、佛台山、黄岗山、鹅峰尖、福山、善山、文公山、蚺城山、军营山、儒学山、锦屏山、杨梅山、密山、方山等峰峦。由于整个婺源境内山高林密、沟壑纵横、古木参天、奇岩献巧，大小山头遍布，婺源全境地形、地貌自古以来便可概括为"八分半山一分田，半分水路和庄园"。

据有关历史文献记载，婺源的山脉起源于中国三大山脉之一的南干山脉分支。由云南、贵州、湖北、广东，越过大五岭（越城岭、都庞岭、萌渚岭、骑田岭、大庾岭），经南安、赣州趋三清山至浙江开化县的大举源，起古田山、石耳山，连接大鳙山。从大鳙山支脉向西延伸，至城关镇下游的寅川铺，从大鳙山向东延伸折北，经天堂、莲花、济岭等山脉，出开化县界，转北经休宁县的三溪源至扶车岭，折西北至婺源之塔岭，迤延向北经燕岭、五龙山、回岭、大余山，又迤延向西经觉岭、浙岭，再趋北经高湖山、斧头角、大广山，突起大鄣山；大鄣山支脉向南，至蚺城边上的锦屏山、军营山；向西顺脉而下，直至景德镇、乐平市而尽于鄱阳湖；其正脉北行迤东，历休宁县界向祁门县伸展，经黟、歙二县，脊起黄山，直至江苏省南京市的紫金山。因此，过去说"婺源地处黄山余脉的怀抱之中"是个谬误。在婺源民间，至今还流传着朱元璋和刘伯温秘访高湖山、勘定皇陵正脉并定都金陵的故事。

由于得到大山的庇佑，婺源得以成为幽胜清和之地、人文荟萃之乡。两宋之间的著名文学家、婺源浮溪人汪藻在他的《清风堂记》中写道："婺源去州二百余里，皆取道山间，攀援不可舟车之地。"清代学者周鸿在《婺源山水游记》中也称："婺源为山诸侯国，嵌山而邑，隙山而田。据徽鄱之交，俯吴中，亘楚尾。穷僻斗入，重山复岭。攀萝挽葛，不可舟车。"但是，万山之中的婺源，无处不是青山绿水、驿道廊桥；无处不是粉墙黛瓦、陌野庄园；无一不是神笔天成的摩诘画，无一不是动人心扉的浩然诗。在婺源，"山"还代表了婺源人的性格。所有出生在婺源这块神奇土地上的人们，都有山一样挺拔的脊梁和山一般坚韧的担当。对于世代生活在这里的山越民族与中原士大夫家族高度融合后的后裔们，忠孝节义、礼义廉耻是他们的行为准则与不懈追求。他们一边享受着"中国最美乡村"的锦绣风光，一边培养出令世人瞩目的"理学大师"朱子、"为民族尽节，五年不发一言"的许月卿、"师夷抗夷第一人"汪铉、"我朝有数名儒"汪绂、"自郑康成以下第一人"江永，以及"中国铁路之父"詹天佑等杰出人物。

大鄣山——平分吴楚两源头

方跃明

地处皖赣边界的大鄣山，因山势雄伟、物产丰富以及风景殊丽等绝对优势，一直被虔诚的婺源人视为"奇山""仙山"和"神山"。自古以来，秉承儒学正统的婺源人始终认为，婺源之所以能文运昌盛、钟灵毓秀，除了婺源人自身具备的勤奋好学特质之外，另一主要原因便是"县龙从此发脉"。正是因为大鄣山的灵气，才孕育了婺源一代又一代光照千秋的贤俊。故而历史上的婺源人，曾经对大鄣山有"泰岱钟灵，孔氏一门正学；鄣山毓秀，文公百代经师"的高度敬仰和崇拜。

深厚的文化底蕴

在有关大鄣山的诸多美丽传说中，发生在西汉时期的"张公隐居炼丹升仙"的故事，应该是对大鄣山有人类活动痕迹的最早记载了。《徽州府志》载："张公山，其山由婺源五岭而北，重岗大岭，周百余里。上有龙井，祷雨辄应。昔有张公隐此采药炼丹数十年，后忽不见，故名。"并且还特别注明，大鄣山上除了张金仙曾经住过的"张公洞"外，还有清风岭、瀑布泉、那珈井、龙井、白云庵、须弥庵、仰天台、振衣峰和擂鼓尖等自然与人文景观。

清风岭上豁双眸，擂鼓峰前数九州。蟠踞徽饶三百里，平分吴楚两源头。白云有脚乾坤合，远水无波日月浮。谁识本来真面目，乍晴乍雨几时休？

——汪循《登大鄣山》

　　登高眺远，把酒临风，是昔日文化人的高雅爱好。因此历代登临大鄣山的文人仕宦，数不胜数。婺源人（含祖籍为婺源者）中相对比较出名并留下了题咏的，有宋代理学大师朱子、元代文学家汪泽民、明代工部尚书潘旦、清代朴学大师江永、太平天国领袖洪秀全等。婺源有史以来第一位山水形胜诗人、清代医家张丹崖，则在与众友登上擂鼓尖后，豪兴大发，不但在他的《鸥雨亭婺源遗胜诗》中，以歌行体的形式洋洋洒洒地写下了长达十九韵的《登擂鼓尖歌》，还向世人发出了"到婺源者，此峰不可不到"的由衷赞叹。

鄣山顶村

美丽的自然风景

　　如果说山是大地的躯体，在经历了无数的碰撞、积压、沉降后，才能傲耸挺立、俯瞰一切的话，那么水就是山的灵魂。大鄣山的水，是清纯的，也是极富灵性的。这些或叮咚、或汹涌、或涓涓、或飞溅的山泉，是游人一路走来永不寂寞的伙伴与向导。在水的作用下，大鄣山雄、险、奇、秀的美丽一面，能让每一位到此一游的客人如入瑶池仙境，如沐桃源清风。峡谷内乱石穿空，巉岩林立；深潭碧水，光怪陆离。两岸陡峭的山崖、石壁，随峡谷的蜿蜒时起时落；汹涌湍急的溪水，穿行于硕大的花岗岩之间，无可抵挡地狂奔飞泻，让人不禁想起"百尺飞泉喧震谷，一声长啸势惊天"的诗句。还有众多历经千万年冲蚀而形成的深潭、彩池，仿若一颗颗硕大的珍珠，掩藏于大量的名贵树种之间，既让人目不暇接、如影如幻，又带来一种莫名的好奇、亢奋和冲动，使人情不自禁地生出一种飘飘若仙的感觉来。

如果在天气晴朗光线通透的日子，去登临大鄣山的最高峰"擂鼓尖"，那么展现在我们眼前的又会是一幅什么样的景象呢？仰首但见漫天的祥云，如飘絮、如羊群、如泡沫般随风飘移，这些快乐的天使，时而上升，时而下坠，时而回旋，时而舒展，千变万化。再俯瞰四周高高矮矮的三花尖、香油尖、五股尖、双坦尖、斧头角、梅花尖等山峰，都在"旋转起伏，状如旌旗刀戟；分兵列阵，势似纠缠格斗"；山脚下的大小村庄、河流、公路，田野、湖泊等，也都变成了一件件如手帕、如飘带、如细针、如浴盆等精致物品。或许，只有这样，才能让人们真正感受《婆源县志》中所言，伫立大鄣山顶，可"西瞩彭蠡，北眺白岳，东望黄山，南瞻信洲"的超然境界吧！

光荣的革命历史

大鄣山还是革命的摇篮。早在1934年，红军就在大鄣山开展革命宣传工作，并于1936年成立了中共婆源县委。1936年4月，中共闽浙赣省委书记关英又在大鄣山主持召开了省委扩大会议，根据当时革命需要，将"闽浙赣省委"更名为"皖浙赣省委"，制定了巩固与扩大以大鄣山为中心的皖浙赣边区游击根据地的总任务。1938年初，根据第二次"国共合作"精神，在这一带活动的红军游击队被改编为新四军一部，下山开赴抗日前线。解放战争时期，大鄣山也是共产党进行武装斗争的根据地。1948年7月，大鄣山成立中共皖浙赣地区工作委员会，采取主力外线作战，各武工队内线频繁游击等战术，三次击退了国民党反动派。1949年2月26日，中共皖浙赣地区工委在大鄣山召开团以上干部紧急会议，部署扫荡残余敌人，配合解放军大军解放皖浙赣边区全境。为了共产主义的伟大事业，大鄣山先后牺牲了40多名革命战士。方志敏、粟裕、刘毓标、熊刚、邵长河、熊兆仁、倪南山等革命志士，也都曾先后在这里开展过革命斗争活动。解放战争胜利之后，婺源人对大鄣山这块神奇的土地爱得更加深沉，始终视森林为第二生命，轻易不让刀斧入山，甚至连传统的土纸小作坊也依法予以取缔，确保了山的葱郁与水的清澈。

鄣山顶村革命遗址纪念碑

巍峨磅礴的大鄣山，高1629.8米，曾经有"三天子都""三王山""率山""玉山""黟山""浙山""张公山""鄣公山"等多个称谓。又因其具有海拔高、范围广、雨量充沛和气温变化差异悬殊等特殊因素，成为鄱阳湖水系和钱塘江水系的源头与分水岭。据说，当年秦始皇统一六国之后，将天下划分为三十六郡，其中"鄣郡"就是依据《山海经》中关于大鄣山的描述而命名的。

五龙山——烟云缭绕杜鹃红

方跃明

　　海拔1468.5米的五龙山，坐落在婺源县段莘乡东北部，山高地沃，雨量充沛，山体宽厚；既是婺源段莘水的发源地，也是江西省五大河流之一饶河的源头。同时，五龙山还是江西与安徽两省的界山。四周绵延的小山如同诸侯朝拜般匍匐在主峰周围，五条支脉状如五条舞动的青龙，在云雾间逶迤延伸，故而被命名为"五龙山"。

五龙山美景

神奇的地理环境

作为婺源境内第二高山的五龙山，整体山势巍峨壮丽，纵横峥嵘，绵延起伏，变化万千。山上各种植物群落由低而高分为常绿阔叶林、常绿落叶阔叶林、阔叶针叶混交林、人工林、山地灌丛和山顶草甸六种类型。而经地质、生物学家的考察发现，地处中亚热带和北亚热带植被交汇处的五龙山，不仅山高地沃，雨量充沛，而且山体高大，切割较深，山谷狭长逼仄，山坡陡峭险峻。这里珍贵、稀有树种较多，植物土壤垂直分布较明显，动物种类较齐全，植物群落较古老、较原始、较典型，基本可以算得上是江南物种最丰富的地方之一。

目前，在五龙山共发现有维管植物170余科、550余属、1300余种，银杏、休宁矮竹、湖北山楂等珍稀树种近30种，还有国家级保护动物黑熊、黑麂、穿山甲、小灵猫、野猪、豺狗、白鹳、娃娃鱼等30多种。尤其是湖北山楂，一丛丛，一簇簇，虽然是自然生长的，但形态却如经过人工修剪的盆景，高不过膝，盘根虬枝，横逸斜出，十分漂亮。每年秋天，这些山楂总能吸引远近的人们前来观赏、采摘。山顶上的草甸，平整辽阔，茂密松软。加上蓝天、白云、清风、红日，整个山顶仿佛成了内蒙古大草原，让人心仪，让人兴奋。为了保护好这片自然山水，当地政府不遗余力，不仅在线上线下广泛宣传，还设置了专业护林员，动员并成立了环保志愿者队伍，配合公安机关打击破坏森林、滥捕野生动物等违法犯罪行为；同时，还定期组织周边群众开展大规模的垃圾清理活动，并在进出山的主要路口设置"温馨提示"标识，确保整个五龙山洁净安全。

多彩的自然风光

五月的五龙山，清风拂面。繁芜的檵木，盛开着素洁而灿烂的白花，一簇连着一簇，一桠挨着一桠。那种朝气蓬勃的态势，让人感受到生命的欣欣向荣。甚至这边的一簇还没有来得及完全盛开，那边的一簇就已经迫不及待地开放，烂漫得连生它养它的树干树枝也遮住了。在长势良好的阔叶林中，清泉自由地流淌，小鸟快乐地歌唱，松鼠灵敏地从这棵树上跳到那棵树上……

而躺在五龙山怀抱里的晓庄水库，也因为远离了喧闹与繁杂，显得妩媚又不失清纯。岸边错落有致的田野和人家，在山与水的映衬下，被神奇的大自然渲染成一幅美丽的彩墨画。清晨，村边苍翠而古老的树木，在清风与朝霞的作用下，愈发凸显出森林的美丽与多姿。在这些繁茂成林的树木中，有高大的枫树、葱郁的香樟、虬劲的苦槠、曼妙的斑竹，还有时不时响着涛声的黄山松……村民们说，等到了金秋时节，这里的山梁有的苍翠，有的金黄，有的葱绿，有的殷红，斑驳陆离。整个山峦简直就是一个被打翻的颜料桶，五彩缤纷，让人不忍归去。

登上莲花顶，风涛凌凌，万里如洗。尤其是那如火如荼的杜鹃花，漫山遍野，观之令人震撼。峰峦上、树丛中、岩石下，红的热烈，紫的含蓄，蓝的深邃，黄的明快。或傲然孑立，迎风招展；或三五成群，欢呼雀跃；或和青松为伴，卿卿我我；或与白云调笑，缠缠绵绵。更有一株四五米高的特大"花王"，硕大鲜艳的花朵竞相连缀，重重叠叠，整个树冠就像一团熊熊燃烧的火焰，红透了半天云霞……

多元的历史记忆

五龙山上，有一个黄龙洞。相传，在很久以前，齐云山上有一个小道士偷了他师父的一条小龙放养到这里。后来老道长追查丢失的小龙，小道士却拒不承认，老道长一怒之下便将小道士逐出了师门。被逐出师门的小道士走到这里，发现小龙不见了，山洞也被堵住了，只剩下一股清泉从这里汩汩流出。小道士恍然大悟，羞愧难当，当即在此横剑自刎了。后来，有人在这里修建了个门洞，一来方便路人遮风避雨，二来也警示后人，希望大家争做诚实之人。

又说在"半岭"的溪流处有一块大石，底部刻有很多难解难辨的文字，据说是五龙山藏宝图的说明书，可惜无人识得。"大石里，小石边，谁能找得到，富贵半边天"这句谚语，从古至今一直为人们所乐道。

五龙山脚的古道

更说在一个月黑风高的夜晚，徽州府发生了惊天大案，几名武艺高强的盗贼，居然将准备押送入京的黄金珠宝盗走了。可当他们在五龙山上分赃的时候，尾随而来的官军也到了。为了保命，他们便趁夜将黄金珠宝埋在一棵檵木树下，约定等逃脱之后再来挖取。谁知人算不如天算，他们悉数毙命于官军刀下。而官军除了在一个盗贼的身上搜出一幅画有一棵红色檵木的图外，其他一无所获，黄金珠宝也不知去向。于是，"找到红檵木就能找到宝藏"的说法不胫而走。

另据《官坑革命斗争史》记载，五龙山还曾是革命先驱们为争取民主与自由的战场。在莽莽大山之中，留下了方志敏、粟裕、倪南山等革命志士艰苦斗争的光辉足迹。在五龙山往休宁方向的山坡上，至今还有二百多名红军战士长眠在那里。也许，每年五月五龙山上那绽放如火的杜鹃花，就是对他们生命的赞歌吧！

凤游山——仙人寄迹等蓬莱

方跃明

　　海拔675米的凤游山，又名大游山，地处婺源与浮梁交界，是一处以山岳自然景观为主，兼有道教历史文化遗存的风景名胜地。山上不仅奇峰毓秀，沟壑泉飞，有香樟、楠木、黄檀、紫薇等名贵树种，而且还有弥勒峰、望湖峰、仙人桥、龙吟洞、舍身崖等自然景观。这些神奇的自然景观，连同山上神秘莫测的"玄天上帝"传说一起，共同构成了凤游山撩人心魄的殊丽风景。

冬季的凤游山（景德镇一侧）

自然中的凤游山

"山头积雪眩晨光，非雪非盐共渺茫。白凤当年来下处，尚留遗迹向昭阳。"这首由无名氏写在凤游山洞穴里的诗，说的就是凤游山山顶上迷人的自然风光。

在以静隐寺为中心的凤游山风景带上，依次分布着八角坟、鸳鸯池、通天窍、石林、一线天、龙吟涧等景致，每个景点都鬼斧神工，让人流连忘返。静隐寺的门口，不仅供着"土地老爷"，同时还立有提醒香客小心火烛、谨防烧山毁林的告示。紧挨着土地庙边，有一块高大的石碑，石碑上的题额文字为"凤游山记"，题额下面的字，因为风化严重，已经无法辨别。另据道观里的住持说，为了保护山上的植被与生灵，凤游山上禁止砍伐树木。在通电之前，甚至连寺里做饭取暖的燃料，也基本取自山上的枯枝败叶……

凤游山林中小道

以太安洞为中心的自然风景区距离静隐寺大约3千米，位于凤游山东麓，主要包括太安洞、弥陀峰、望湖峰、簇花峰、白鹤仙岩、神龟出海、玉兔望月、和尚听经、金盘堆果等景点。登上望湖峰，不仅凤游山四周的村庄、田野、深壑、溪流可以尽收眼底，而且连中国最大的淡水湖——鄱阳湖也都遥望可见。还有惟妙惟肖的弥陀峰，在太阳光的映照下，佛光隐隐，憨态可掬。当然，在这个以自然生态为主的大观园里，最让人叹为观止的，还是宽敞神奇的太安洞。洞内不仅石桌、石凳、石钟、石鼓、石笋一应俱全，而且洞中有洞，洞洞相连。石洞深处的通天岩，据说从前有神龙出没。山下的村民，每逢大旱，都会到这里来求雨，而且每求必应。古人有《龙岩圣泉》诗："凤游山丽万源通，曲曲湾湾涌地中。昼夜潺湲常不息，秋冬泛滥又何穷。方塘水满真无滓，古庙神灵大有功。名署圣泉传已久，洞天深处即龙宫。"

故事里的凤游山

凤游山作为婺源为数不多的道教圣地，衍生出许多神仙故事也就不足为奇了。比如，位于半山腰的"剑池"，据说就是吕洞宾为了帮助山顶上的道士解决喝水问题而挥剑劈开的。清泉从石头缝里流出，一年四季都不干涸。

八仙之一的"铁拐李"据说也曾来过这里。当他听说山顶上的人要想喝水，必须要到半山腰的剑池去挑之后，便觉得很不方便。于是，他想暗中帮村民一把。谁知当他用铁拐在静隐寺外杵"通天窍"的时候，用力过猛，打通了山体中的暗河。不但水没有冒上来，反而让山体里面的水全都流到山下的暗河里去了。时至今日，情景依旧。清朝乾隆年间癸未进士、婺源冲田人齐翀在他的《凤游山记》中也说："窍深无际，深击柝如敲砖，又如屋檐前滴溜声，累累不绝，尽一时之久。曰：窍底有泉，下注入戴冲村而成渊，以粃粟投之，则翼日而浮其上。"

静隐寺边上的鸳鸯池，是一大一小两个面积不大的水池。没有源头水，却一年四季不干涸。两个水池中间虽然有水道相通，却分别是一清一浊两个景象，千百年来，泾渭分明，从未改变。据说这浑浊的池塘，曾经也如明镜般澄净，是后来被不能恪守佛规的一个尼姑洗澡弄脏了。

相传,当年玉皇大帝为了确保这两口水池清澈,特地派了月宫中的玉兔暗中看守。尼姑下池洗澡的时候,正值乌云遮挡住了明月,玉兔自然也就两眼一黑。尼姑私自洗澡的事,虽然没有被人发现,但却没能逃过观音菩萨的法眼,她将此事告诉了玉皇大帝。玉皇大帝叫来了玉兔,查问此事,而玉兔却一问三不知。于是,玉皇大帝便罚它永远守在鸳鸯池边,除非公鸡下蛋、母鸡打鸣方能回到天庭。于是,在一左一右两口水池中间,又多了一只因工作不负责任而被问责的玉兔,在虔诚地期待好日子的到来。

历史上的凤游山

历史上凤游山上的道士,是以避邪、招魂、驱鬼、画符、打醮等法术而闻名的。据说,如今驻跸在安徽齐云山上的"玄天上帝"(婺源人称"玄帝爷"),最初的道场就是设在凤游山上的。后来由于发展的需要,玄帝爷才将道场移到了齐云山。而偏居婺西南边界上的凤游山,至今香火不断,声名远播,也是由于玄帝爷的缘故。

由于名气太大,出名也早,因此无论在《徽州府志》《婺源县志》等官方正规典籍中,还是在《凤游养生记》《游山董氏家乘》《皇朝舆地通考》等野史稗乘上,都能读到不少关于凤游山的精彩文字,如"婺西,距邑百二十里,有山曰凤游,形势巍峨……山之巅,有静隐寺,悬崖下有乳泉,从石罅中出,涓涓不息,又名之曰浚源""凤游山,在县西百二十里。山势磅礴,列如屏障,高三百一十仞,为徽(州)饶(州)间巨镇""凤游山原名'浚源山',在唐朝天宝年间,有人在此见凤凰翱翔,故改名'凤游山'""唐朝贞元元年(785),从武当山一路云游至此的开山、王崇二位道士,看中凤游山幽雅清静的环境,认为此处非常适合修行,遂入山结茅为庐,四处化缘,建道观,设道场,传经布道""明朝崇祯年间,游山、梅田、董村人各捐田产入观,修建观宇。使凤游山香火日盛,浮乐一带趋之若鹜"等。

灵山——十二芙蓉紫翠斜

方跃明

十二芙蓉紫翠斜，坐看高岫出云霞。正当北斗文星地，更接西曹主事家。楚国良田春种玉，燕山芳树晚多花。白头剩得逃名叟，寂听天书下九华。

——汪仲昭《芙蓉孕秀》

位于婺源江湾镇境内的灵山，又名芙蓉山，是一座赣、浙、皖三省都家喻户晓的名山。海拔997米的灵山，山灵水碧，风景独好，如今已成为众多"驴友"户外徒步健身的好去处。山上的碧云寺、观音庙、地藏殿等庙宇，以及聚缘亭、怡乐亭、棋盘石、半月岩、金鸡石、五谷树、教杯石、石仙椅、望乡台、莲花池、海涵墓、仙人桥头、摩崖石刻、九龙戏珠等人文自然景观，也因为美丽的神话传说和奇异的自然造型，让所有登临灵山的人们驻足忘归，赞不绝口。

何公仙的传说

灵山之名之所以取代了芙蓉山的称谓，与一个名叫何令通的人有关。何令通（922～1019），名溥，字令通，号潜斋，晚号紫霞老人，安徽枞阳青山何氏的始祖，著名的堪舆大师，万安罗盘鼻祖。《灵城精义》是何令通有关堪舆学的重要著述，被堪舆界视为圭臬。

何令通曾为南唐的国师，因"牛首山之辩"，被贬任海宁县（今安徽省休宁县）县令，并罚他在海宁办公，却必须到婺源点卯，故意让他承受奔波之苦。后来，随着南唐后主的"垂泪对宫娥"并"仓皇辞庙"，何令通也只得挂冠离去。去职后的何令通，在将家属安置在灵山对面的何田坑之后，自己只身潜入芙蓉山，打坐四十年，潜心修道，并取法名"慕真"。

《婺源县志》中对何溥的记载

北宋天禧三年（1019）的一日，何令通的朋友江广审、叶文义来碧云寺拜访何令通，只见他从正席跌坐，突然火从心出，顷刻间化成一堆粉末。就这样，在芙蓉山修道近四十年的何令通，荣登极乐世界。坐化后的何令通，被人们尊称为"何大真仙"，他的弟子还将他的塑像供奉在碧云寺内。后来，因为每当香客家有急难祈祷他指点或帮助时，心灵皆有感应，于是，何令通又就被善男信女们尊称为"何公仙"，而芙蓉山也慢慢地被人们敬畏而称为"灵山"，并一直沿用至今。

碧云寺的复兴

北宋太平兴国四年（979），由于何令通的帮助，萧江六世祖江广溪（又名江文寀）成功将江氏一族从旃坑马槽坞迁至江湾，并最终为阀阅世家。为表感谢之情，江广溪为何令通在灵山上重修了碧云寺，并捐田60亩，供寺资用。从寺庙落成那天开始，何令通除了埋头佛经，参悟佛理外，还经常外出云游，拜访全国各地的古刹高僧，邀请他们来灵山开坛讲法，解惑释疑。如我国佛教禅宗五大主要流派之一的临济宗，就曾经派高僧来灵山广收门徒，弘扬佛法。在灵山，至今还存有来婺源弘扬佛法的高僧的"海涵墓"。据有心人考证，海涵来自九华山，在碧云寺传播临济宗佛法数十年，直至终老病逝。在此期间，他还自创博山派，为灵山和碧云寺写下极其光辉的一笔。

灵山香火日渐旺盛，碧云寺声名逐年提升。四面八方的人们来这里许愿、寄世、供奉，朝拜者络绎不绝，还有许多外地僧侣，也慕名来这里挂单寄宿，研习佛理。一时间，芙蓉岭上出现了"车马行人，拥挤为患"的繁荣景象。

为了有效保持这难得的繁荣，长期以来，灵山上的僧侣不仅苦心研习佛理，还非常用心地保护山上的一草一木，教化村民敬畏生命，敬畏自然。在当地僧俗的共同保护下，无论是人来人往的芙蓉岭，还是人迹罕至的金鸡岭、石佛岭，整个灵山都是树木阴翳，流水淙淙，风清云白，景色清嘉。

金竹峰的故事

金竹峰是灵山的一座山峰，位于灵山北麓。这里盛产的绿茶被称为灵山茶。从明朝中期一直到民国初年，灵山茶始终被列为婺源绿茶"四大名家"之首。当时的金竹峰曾建有金竹峰庵，门悬皇帝御赐的"金竹峰"金匾。如今，庵已无存，遗址仍在，而产于金竹峰的灵山茶则一直被尊为婺绿中的珍品。

　　相传在明朝的时候，太子太保、吏部尚书兼兵部尚书、婺源大畈人汪铉为人正直，虽身居高位却从不嫌弃糟糠之妻。而汪铉的妻子程氏，不但满面麻子，外带一双一尺三寸许（约43.33厘米）的大脚，而且喜欢夸夸其谈，经常说一些不着边际的粗俗大话。据说有一年，汪铉夫妇被嘉靖皇帝在后宫召见，当时皇后也在场。程氏便在皇后面前说家乡金竹峰上的竹子长得高可及天。皇后一听，好奇心顿起，立即央求皇上令汪铉送竹进京，见识一下这种大竹。汪铉当时心里很着急，当即回话说："皇上，这千里迢迢运输很不方便，既于国事无益且又劳民伤财，不如采摘一些竹叶呈上即可猜想竹之大小了。而金竹峰最为珍贵的是绿茶，要不也让乡人一并采些过来呈给皇上品尝？"嘉靖皇帝便准了汪铉的奏呈。此后，汪铉以箬叶代替竹叶化解了此事。同时，嘉靖皇帝品尝了汪铉送的金竹峰精制珍眉、贡熙绿茶后，一时龙颜大悦，大加赞许，不但亲自御书"金竹峰"三个大字赐给汪铉，还钦定婺源每年将灵山茶作为贡品，供皇家御用。从此，每年金竹峰茶园开采时，地方官员都要到灵山举行隆重的开园仪式，然后把精心采制的贡茶快马送京。

灵山石林

石耳山——石耳连纵势插天

方跃明

石耳山头望大荒，海门红日上扶桑。山连吴越云涛涌，水接荆扬地脉长。春树抹烟迷近远，晴虹分字入苍茫。蓬莱咫尺无由到，独立东风理鬖霜。

——游芳远《题石耳绝顶》

石耳山

在婺源人心目中，石耳山是一个风光旖旎且神秘莫测的地方，不仅可以在这里欣赏云蒸霞蔚的自然景色，还可以在水激山崇的世界里探寻许多扣人心弦的神话故事。

多元的动植物世界

在婺源建县以来1200多年的历史进程中，地处婺源东部的石耳山一直是古代徽州、饶州和衢州三地的分水岭。自1949年5月开始，海拔1261.5米的石耳山，成为江西和浙江两省的界山。相传，古时候的黄道仙、叶依仙和赵真仙，都是在这里得道升天的。

由于婺源历史上一贯遵从"杀猪封山"的生态保护传统，时至今日石耳山上仍有许多属于国家一级、二级保护的珍稀动物繁衍生息，如水中游的蝾螈、刺胸蛙，林间飞的黄腹角雉、画眉，地上爬的蕲蛇、穿山甲等。同时，石耳山中属于国家一级、二级保护的植物也很多，红豆杉成群，香果树成片，香榧、楠木、黄檀等树种难以计数。在其他地方非常罕见的"方竹"（又称"筷子竹"），在石耳山中居然成园成片地疯生狂长。还有大叶楠、南紫微、野八角、卫矛树、金钱柳、望春花、黄山松等珍贵植物，都在峻嶒的石耳山中随处可见。更有那从世人视线里失踪多年的"婺源槭"，也在石耳山上现身。最令人咂舌的是，人们还在海拔1100米高的石耳高峰上，寻觅到了两株壳斗科亮叶水青冈新种——石耳山亮叶水青冈。这两棵姐妹树，每棵树的胸径要三人合抱才能合围，树龄初步判断在七百年以上。枝繁叶茂的亮叶水青冈，树冠占地足足超过3亩，远远看去，犹如两朵绿色祥云，在碧水蓝天之间呵护着石耳山。

石耳山上的许多珍稀草本植物，也让造访者大开眼界。属于桫椤科新种的石耳山耳蕨，就是其中的代表。至于苦巨苔、水金凤、天女花、石斛、辟雳果、四照花等高山植物，更是遍布石耳山人迹罕至的悬崖峡谷。此外，石耳山旖旎的山光水色，也可以算得上是婺源一绝：在山南，分布有逼霄峰、连云磴、栖霞洞、积雪岩、飞升台、占年树、蟠带石、卧龙岩等八景；在山北，则有传声谷、列星屏、碧罗冈、青莲桥、宾日亭、轰雷峡、珠帘岛、天海涛等八景。

桫椤科新种——石耳山耳蕨

石耳山的命名，与石耳山的特产"石耳"有关。在石耳山的悬崖峭壁上，遍布着形体扁平、颜色黄褐的石耳。这种饱受天地灵气的植物，也是婺源"三石"美食之一。

美丽的田园山水

阳春三月，燕舞莺啼。饱受冰雪洗礼后的石耳山，又披上了生机盎然的绿装。在流青滴翠的山坡上，在清澈见底的溪水边，山蕨悄悄地举起了可爱的小拳头，竹笋也勇敢地掀翻了压其整整一个冬天的石块，嫩绿的水芹在镜子般的清水中含情脉脉，娇小的马兰在温暖的阳光中绽放出新芽。还有那随处可见的油菜花、紫云英、桃花、杏花、梨花等，石耳山的春天，简直就是一幅五彩缤纷的水彩画。

夏日炎炎，清波荡漾。由于四处都有绿盖如云的树木，加上随处流淌的淙淙清泉，因此石耳山的夏天是清凉的。在太阳照不到的地方，不仅气温较低，而且晚上就寝时，如果不盖毛毯还会着凉感冒。沿着弯弯的青石板路，漫步在清新浪漫的田头屋后，那一畦畦长势良好的辣椒、落苏、天罗、羊角、莴苣、苦瓜、苦马、苋菜等，看得满目碧绿，闻得拂面清香。

无论是秋天还是冬天，整个石耳山的景色都是明快和温馨的。空旷的田野，码着一个个高大的圆形草垛；屋后的枫叶，洋溢着火红的热情；澄净如拭的天空，时不时飞过一个大写的"人"字；袅袅的炊烟，不知从什么时候开始，也已经和云霞缠绕在一起……

"林深重舍隐，门掩石阶斜。篱菊两三点，溪塘四五鸭。汲泉肩挑月，生灶霭生霞。村静尘嚣远，心畈处处家。"吴玉慧女士笔下的《山村即景》，描写的就是散落在石耳山周围村庄的如画风景。婆源多山，山中也多星罗棋布的大小村落。这些村落，无论历史风云如何变幻，始终忠实地记录着婆源乡村发展的过程，承载着文明的记忆。

璀璨的人文历史

名山大川，自古都是文人墨客喜欢登临和题咏的地方，石耳山也不例外。据说，南宋时期伟大的思想家、哲学家和教育家朱子，就曾禁不住晓鳙村学生曹子晋的"诱惑"，"步步穿云到石耳"游历了一番，还欣然为曹氏宗谱作序。明朝的洪武皇帝朱元璋，也曾因鄱阳湖大战亲临石耳山。还有宋代的滕溪堂、汪炎昶、张舜臣，明代的游彦忠，清代的李国琦、汪焕等，都曾经游览过石耳山，并留下许多脍炙人口的诗篇。

而坐落在石耳山下的晓鳙村，明清时期曾先后走出曹学诗、曹坦、曹城、曹楼、曹深、曹祥等多名进士，为后人留下了《纶阁廷辉集》《话云轩咏史诗》《望云楼集帖感应诗》《石鼓砚斋文钞》《诗钞》《直庐集》等几十部著作。民国时期，这里还走出了一位国民革命军少将曹璞山。

　　位于山腰的栖霞古寺和山顶上的龙泉庵，也是石耳山中难得的香火旺盛的寺庙，农历每月初一、十五，附近安徽、浙江和江西三省的善男信女们，都会不顾山高路险，来这里烧香拜佛，祈福求财。这两座历史悠久的寺庙，曾多次庇佑山下的村庄免遭山匪草寇的洗劫，还保存了石耳山许多珍贵的文物资料。

蚺城山——青山已度白云横

方跃明

群儒荟萃之地

婺源历来重教兴文、崇尚读书，所以蚺城山上各类具有文化学习功能的建筑随处可见。宋庆历四年（1044），婺源的儒学（即学宫）开始在蚺城山营建，主要建筑有礼殿、讲堂、乡贤祠等。明洪武四年（1371），又建大成殿东西两廊、戟门、棂星门、神橱、库房、明伦堂东西斋、厨房、仓廪等。明成化三年（1467），在大成殿及两庑等处，先后立有"二程""朱子"等有功于学校者的塑像；又砌露台、丹墀，凿

蚺城山

泮池，建学舍20余间。在此之后，儒学几毁几建，始终未废。

元至元二十四年（1287），奉直大夫、婺源回岭人汪元圭在文公阙里之侧建"文公书院"，亦称"晦庵书院"。明嘉靖九年（1530），知县曾忭特意拆除县署后面的保安寺，将书院迁到这里，并加建了瑞云楼。从此，文公书院以朱子别号而称为"紫阳书院"。清康熙三十六年（1697），重建了三贤祠。乾隆时期对书院有过两次改造。嘉庆九年（1804）再兴土木，重造正厅、三贤祠、述堂、博学审问堂、慎思明辨堂和笃堂等，共号舍70间；左右翼各置阁院，左边还另建余庆祠1座。户部尚书汪应蛟、吏部尚书余懋衡、南京光禄寺卿游汉龙、江西布政司参议潘之祥等先后在紫阳书院讲学，使书院声名远扬。

山川秀美之城

> 蚺城谁筑溪之涯，层楼簇簇排人家。两岸春风好杨柳，一池霁月芙蓉花。香与清风远方觉，污泥不染尘不着。小亭红瞰碧波心，着我中间看飞跃。
>
> ——胡炳文《星源八景》

蚺城，是婺源的别称。它三面环水，一面环山。水是全城人的生命之源，在冷兵器时代，这条穿城而过的星江，曾是保卫蚺城人生命财产安全的天然屏障和重要关隘。

今日的蚺城，早已是一座集旖旎山水风光和深厚文化底蕴于一身的宜居宜游小城。星江两岸，层楼对峙；莺歌燕舞，霭绕霞飞；柳绿桃红，竹木苍翠；晴云雨雾，气象万千；一年四季，变化明显。随着"要像保护眼睛一样保护生态环境"理念的不断深入，婺源人在积极保护好原先存在的虹井、廉泉、小东门、保安门、西湖凼、大庙街等历史遗迹的基础上，还因地制宜地恢复并营造了朱子步行街、文公庙、武营坦、熹园、虹井公园、茶文化公园、天佑市民公园、金庸公园、文博艺术公园、东溪花园、紫阳公园等一大批供人们休闲、游览、阅读的清幽场所。尤其是在老城区改造过程中，为了保护固有的生态环境，当地政府宁愿花高价修隧道也不砍树铲山……这些举措使面积不是很大、人口也不算多的蚺城每隔500米就有一座生态公园，让生活在这里的人们"望得见山，看得见水，记得住乡愁"，也真正达到了"让自然生态美景永驻人间，还自然以宁静、和谐、美丽"的人居环境要求。

古城墙：保安门

仁义文明之乡

婺源是南宋著名教育家朱子的故里。虽然岁月更迭，但承载太多记忆的虹井依旧清澈如初。相传，北宋绍圣四年（1097），朱子的父亲朱松出生时，井中气吐如虹，经日不绝；南宋建炎四年（1130）朱子出生时，井中又有一股紫气，直冲牛斗。因此，婺源人遂将这口水井命名为"虹井"。井旁的巨幅石碑上，刻有朱松亲笔撰写的铭文。明正统年间，知县陈斌加建虹井亭。明礼部右侍郎程敏政赋《文公阙里谒后有作》诗："洛水初传道已南，后生何幸此庭参。一时气数存虹井，万古仪刑仰晦庵。尘锁断碑余劫火，山围新庙拥祥岚。正心诚意言犹在，三复无能祗自惭。"

廉泉，在城东门大桥南端旧城墙下。泉窟凿石而成，水自石罅间涌出，"旱涝不盈涸"。南宋绍兴十九年（1149），朱子归婺时曾漫游至此，因喜此泉甘洌，曾挥笔写下"廉泉"二字。明永平知府姜琏有诗赞云："涓涓泉脉石中生，流出招堤分外清。涵镜有光能照物，鸣琴无谱自成声。一泓彻底元无滓，万古称廉岂盗名？若使夷齐身未死，也须来此濯尘缨。"

受朱子影响，蚺城山下的婺源人，始终奉"读朱子之书，受朱子之教，秉朱子之礼"为圭臬。他们焚膏继晷，终生以知书识礼为人生乐事。据不完全统计，婺源从后唐同光三年（925）至清光绪十五年（1889）的965年间，先后走出了38位进士。唐末检校工部尚书汪衮、南宋文学家朱弁、南宁教育家朱子、明代学者汪敬、清代工部尚书董邦达等均出自婺源。因为文风鼎盛，代有闻人，因此朱子之后，婺源被后世尊为"文公阙里"，而婺源也因此被外界喻为"江南曲阜"而开仁义文明之风。

第二章

婺源水系

清泉石上流

江智健

　　婺源，地处赣、浙、皖三省交界，全县总面积近3000平方千米，人口37万。常年雨量充沛，气候温和，全县平均年降水量1981毫米。境内重峦叠嶂，坑洞密布，溪流纵横，境内具200平方千米左右流域面积的河流有8条，溪涧更是不计其数，水资源十分丰富，多年平均年径流总量32亿立方米，多年平均年径流深1078毫米。利用得天独厚的自然条件，小水电站星罗棋布，婺源是首批全国农村水电初级电气化达标县，是全国"十一五""十二五"农村水电电气化建设县和第二批实施

野龙坑峡谷

小水电代燃料生态工程的地区。昔日，从星江上行至汪口段行船如梭，港口、码头间立，航运十分兴旺。水，是自古以来维系婺源山区与外界交往的重要媒介和载体。

蒲帆片片向鄱湖，婺水滔滔下饶州

婺源，实为饶河之源，共有七大河流，分别为：

（1）县域第一大河流莘水，为饶河乐安河的主支，发源于皖、赣界山五龙山，为二级河流；

（2）发源于大鄣山五股尖的县域第二大河流清华水，为饶河主支乐安河的一级分支，四级河道，于婺源县王村大桥附近汇入乐安河，与段莘水汇合而成乐安河干流，乐安河干流婺源段起于段、清二水汇合口，止于许村镇小港村，俗称星江；

（3）发源于婺源县赋春镇与大鄣山乡交界的高太尖南麓的县域第三大河流赋春水，于许村镇小港村汇入乐安河干流，为乐安河一级分支，四级河道；

（4）发源于赋春镇金牛尖的县域第四大河流中云水，于太白镇菏岸村汇入乐安河干流，为乐安河一级分支，四级河道；

（5）发源于安徽省水流峰的县域第五大河流江湾水（安徽称为溪西河），于江湾镇汪口村汇入乐安河，为乐安河一级分支，四级河道；

（6）源出中云镇坑头鹅峰山的县域第六大河流高砂水，于福洋出口流入乐安河干流，为乐安河一级分支，四级河道；

（7）发源于石耳山的县域第七大河流潋溪水，于紫阳镇的小港村流入乐安河干流，为乐安河一级分支，四级河道。

婺源县内其他相对较大的河流还有三条：一是源自镇头镇鸡山的浚源水，自东北向西南流，经镇头镇的梅田、游山及珍珠山乡的黄砂，先流入婺源与乐平共有的秀水湖，为车溪河主支，后汇入乐安河，属四级河道；二是发源于大鄣山乡五花尖南麓，流经程村、长溪、车田的长溪水，流入景德镇市区汇入昌江，为昌江南河主支，属四级河道；三是赋春镇排前溪，为昌江的毛细支流。

经测算，婺源全境内面积超96%的水域，都直接或经乐平汇入乐安河，只有长溪与排前二溪流入昌江。

婺源是典型的江南山区县，更是典型的溪河源头地区，境内河流均不受域外污染与消耗，占尽"天时地利人和"之妙。

作为"中国最美乡村"和首批国家生态文明建设示范县，保持一汪清水显得尤为重要。婺源既巩固了"生态优先、绿色发展"立县之本的绿色发展理念，更重要的是努力践行了习近平总书记的"两山"理论，保持与发展了"河畅水清、岸绿景美"。即使受世界范围内工业化的影响，在"无水不污，有水无用、望河兴叹"的大环境中，婺源为打造"美丽中国"的"江西样板"作出了突出贡献！

行洪减灾，星江的功能与使命

星江，因地域对应于二十八宿之一的婺女星座，故婺源亦称星源，其水故名星江。它以段莘与清华二河交汇始，至许村镇下港村汇赋春水并流入德兴之县界。星江又名婺水，《辞海》（1979年版）中订名为婺江。星江城区段是婺源古代护城河。

古徽州讲究"以水喻财，遇水则发"，故婺源先人对水情有独钟，逐水而居。江湾、李坑、晓起、汪口、思溪、延村、理坑等古村落无不坐落于溪边河畔，极尽"门前绿水王维画，屋后青山杜甫诗"之美妙。星江如蚺蛇般环绕县治而后西去，县治蚺城半岛状城区极尽"通舟楫之利、聚天下之粟、致天下之货"，有南低北高的地势与隔河相望的南门山，极具"枕山、环水、面屏"和"玉带缠腰"的风水要素。更难得的是，蚺城段的星江水由东向西流，这也许正是当初风水师所看重之处。因此，千百年来，婺源"文运昌盛，人才间出"。

婺源先人亲水、爱水、惜水、崇拜水、呵护水和巧用水，人水和谐，达"天人合一"之极致。正因如此，星江之水也颇具灵性。比如，源出婺源的"五显神"从北门河出世、朱熹的父亲朱松及朱熹本人诞生等传说，都与护城河和城内"虹井"有关。千百年来，"天降祥瑞"的传说一直在婺源民间流传。

也许，世上本没有河，流淌的水多了，便汇聚成了河。河流的最基本自然属性就是排水泄流，星江作为蚺城人民的母亲河，行洪减灾正是她的功能与使命！

"问渠那得清如许？为有源头活水来。"清淤除障是保护母亲河永恒的主题，应培养保护水体、呵护河流的自主意识，如清淤除障，杜绝侵占河漫滩涂、台地；采取全面禁伐天然阔叶林、努力涵养水源滋补河道、择址新建蓄水补枯工程等行动，是实现星江"河畅、水清、岸绿、景美"的必然举措，更是当代婺源人的使命所在。天蓝、水碧、山青，这就是"中国最美乡村"永远的自然标本！

段莘之水天上来

江智健

段莘水库

云封十里层峦，坝锁千顷碧波

在照明靠油盏、工业靠手工的过去，婺源人民为了改变一穷二白的面貌，向自古奔流不息的河水索取能源，"水力发电"就成了不二的选择。而段莘河水能梯级开发的龙头水库——段莘水库，便是婺源人民于20世纪70年代初靠肩挑背驮如搬移大山一般筑起的拦河大坝（高37

米），屹立于高山峡谷中，从而形成了旖旎且壮观的人工湖泊。它拦蓄了79平方千米的天然来水，造出方圆400多公顷（1公顷合10000平方米），总水量5640万立方米的高山平湖。从此云海变碧波，山民变渔夫，改天换地，气象万千。段莘水库及其三个梯级水电站的顺利建成，聚增发电装机容量1.11万千瓦，使婺源县跑步进入了首批全国农村水电初级电气化达标县行列。如今，泛舟段莘水库湖面，但见山环水绕，峰回路转。放眼望去，其山峦远近高低，有翠屏而立者，有碧螺而旋者，有柱石擎天者，有丘陵迤逦者，正所谓"云封十里层峦，坝锁千顷波碧"。湖坝之下，更是另一番景色：乱石突兀，三里成堆，溪流汩汩，清泉淙淙，令人心旷神怡；而那曲折绵延8.3千米的人工天河，怎不令人叹为观止！

段莘水是一条神奇的河流

古徽州人认为，水意味着财，依山傍水是村址的最佳选择。宋徽宗大观年间，朝议大夫（正三品）俞杲见段莘水与江湾水汇合于汪口。汪口三面环水，半岛天成，极宜定居。"海阔凭鱼跃，天高任鸟飞"，水汪则鱼旺！而"俞"与"鱼"谐音，"俞旺"则村盛！故汪口村繁衍生息千年延续至今。

选址建村后该如何进一步完善村庄风水格局，对此汪口人也颇为讲究。相传，原来村舍尽建于河右岸，坐西北朝东南，看似符合传统规范。后一高僧云游至此，"日高人渴漫思茶"，汪口人十分热情地招待这位外乡的出家人。高僧感谢汪口人的热情好客，对村人说道："汪口，玉带缠腰村基不错，但人如繁星路似网！独对鱼（俞）不吉！须改变布局，方能长盛不衰。"随后族长根据高僧指点，在村头架一木桥，迁移几户至对岸桥头，"一剑洞开无形网，鱼（俞）跳龙门自由去"。从此，汪口村旺人盛。尤其是汪口人外出谋生时，左右逢源，如鱼得水，经商者发财，求仕者升官。

但是，炎夏刚过寒冬又来。汪口村前是一急滩，枯时河面狭窄，弱水三千难敌"晚泊松陵系短篷,埠头灯火集船丛"之需。筑坝壅水刻不容缓,借此扩大水面,一则增加船只泊位;二则平水势,聚财气,防冲刷,固村基;三则方便村民过河与浣纱淘米;四则利于引水灌溉下游农田。可谓一石数鸟。但筑坝拦河,势必阻断行船,可水运在当时是汪口的经济命脉,故难煞了族长和村民们。苦思无策后他们遂求助于江湾村耆宿,素有"博通古今""上知天文下知地理"之名的江永先生。江永是清代著名经学家、音韵学家、天文学家和数学家,皖派经学创始人。他接受了乡亲们的嘱托,三下汪口,五勘现场,选址选材选方案,别出心裁地在村庄下游1千米处兴建一座"截流泄水全自动,壅水行船两相宜"的汪口曲尺堨,成功地解决了蓄水、通舟、缓水势之矛盾。

段莘水古坑段

汪口曲尺堨,因其方便通航又被称为平渡堰,整个建筑实际由两部分组成,一部分即主体为壅高水位的壅水坝,另一部分为用于通航的筏道,因此,汪口堨成曲尺状横卧于河道中,其南北向布置壅水溢流坝(曲尺长腿)顶长120米,堰高3米,顶宽2米,底宽15米。北堨头向河流上游折弯90°成曲尺短腿为筏道边墙,从该边墙与北岸山坡间隔出35

米长、6米宽的舟船通道。不得不说，这是在无力兴建昂贵船闸的情况下独具匠心的设计。堰体由当地工匠因陋就简，就地取材，用当地盛产的毛石、鹅卵石干砌（砂砾填缝）而成。

斗转星移，历经岁月沧桑，建于清雍正年间的平渡堰，以其坚不可摧的结构，抵抗了两个多世纪来无数次洪水冲击，创造了无黏结干砌毛石坝的传奇。其"截流泄洪全自动，壅水行船两相宜"的先进设计理念蜚声中国水利界，江西省水利厅曾考察平渡堰，拟作申报世界灌溉工程遗产提名。

钟灵毓秀，水木清华

江智健

三面环水的清华村

清华水，古称婺水，又称为古坦水，是婺源第二大河，长67.7千米，流域面积628.8平方千米，落差853米，坡降1.17%，属扇形河系，河网密度较大。清华水发源于大鄣山的五股尖，由古坦、洪源、沱川、浙源、高枧和延村六支流组成，于王村大桥流入乐安河，即与段莘水合为其干流。水资源水能均丰富，开发利用量也高，并列居全县第二。

大鄣山主峰五股尖（又名擂鼓峰）是省界山、分水岭。江永的《大鄣山说》中称"诸山祖"大鄣山为"浙江出其阴，庐江出其阳"。而婺源县域在其阳、邻省诸县在其阴。是故，称婺源为浙江之源，似有附会之嫌。

主支古坦溪，源自五股尖，自东北向西南，经水岚至通元，折东南走菊径，过古坦穿黄村，到车田携洪源，流入清华湖。清华湖，建有电站蓄水库，为"大跃进"时期的产物，是电气化骨干设施。其横枕一坝，高山出平湖，河水翻坝去，携风又鸣雷，犹如瀑布挂前川，遂追鄣山飞流一瞬间。

次支浙源溪，源于浙岭吴楚源，自东北向西南，经岭脚出虹关，抵浙源过凤山，至沱口携沱川溪。其间鲜有电站等设施，河水欢快空自流。

再次沱川溪，源自正北界山无名峰，自北向南一路下，经塘崛走南山路，出虹关抵浙源，过凤山达沱口河汊。

又再次延村溪，源自天堂山麓，向北至洪村，折回天堂山脚，向东经河山坦，走延村过思溪，到赵村入干流。

最小高枧溪，源新岭北向南，自坞头经西源，至高枧折西南，到金竹河汊。

清华水干流，自清华至出口，由北向南流，过坦头飞长滩，经龙腾入思口，越前坦进陈家庄。

千丈清溪百步雷，柴门都向水边开

思溪延村、理坑等许多清华水流域内保存良好的古村落无一不坐落于溪边河畔，粉墙黛瓦、飞檐戗角的徽派民居与青山绿水浑然一体、妙趣天成。更有沱川障村选址于三条小溪的交汇口处，又称三河口，堪称亲水环境建设之典范。门前屋后溪，穿城贯村成为域内一道独特而靓丽的风景线。域内民众对水情有独钟，在徽州，水意味着财。域内村庄十分注重水口与水系建设，一般均于溪水入村之处（水口）广植树木，障风蓄水。同时在村内拦河建堨，既引水灌溉，又寓意聚敛财气。就连古人修建堂宅府第也开设天井，汇屋面雨水于室内并美其名曰"四水归堂"，以求财源广进、肥水不流外人田。当然，天井也有通风、采光和汇雨水于大缸作养鱼观赏与消防之实用。浙源水木坑等村庄一直沿用至今的"三眼井"更为神奇，上游水井供饮水用，中游水池供淘米洗菜用，最下游水池供洗衣物用。上游水井底有泉眼，泉水从地下冒出充满后，凭借自然坡降通过边槽依次流到第二潭、第三潭。饮水、洗菜、洗衣、消防卫生节水系统皆自然形成，堪称最早的水资源的重复利用。

除此之外，县内民众禁忌大年初一下井打水、下河浣洗，旨在用这种方式让水休养生息。他们亲近水、巧用水、崇拜水和呵护水，与水同乐、与水共存，不离不弃、相融共生，努力实现"人水和谐"。

水通曲岸桥依竹，路入重林亭傍花

"问渠那得清如许？为有源头活水来。"婺源县委、县政府认真践行习近平总书记的"两山"理论。早在2018年1月便以县人大决议的方式在禁伐天然阔叶林十年的基础上长期禁伐天然阔叶林，竭力保护森林，保护湿地，涵养水源滋补河道，改善与优化水环境，使"中国最美的乡村"婺源的山更青、水更秀。誓为全省乃至全国保持"一湖清水"作出婺源特有的贡献。

域内村庄的水口林和"水通曲岸桥依竹，路入重林亭傍花"的优美生态为自然保护小区概念的创立提供了鲜活的标本。但是，随着全球变暖，气候异常，这里暴雨陡增，洪水频发，防洪减灾，任重而道远！

古代先贤追求的是"人水和谐"与"天人合一"。多年来，婺源总结当地民众兴利避害的经验，弘扬亲水惜水的优秀水文化，变"河长制"为"河长治"。婺源人深知：只有文化，才能深入人们的血液中，才能恢复保护水体河流的自主意识与行为习惯；只有恢复冬春季节"洗河"民俗，才能不间断地开展大众性清淤除障疏浚河道活动；只有适度建设蓄洪补枯工程，才能保证细水长流；只有从控制洪水到管理洪水、从"逃避洪水"到"给洪水出路"而科学地防洪、治洪，才能使河流通畅；只有在追求变水害为水利的征程中，努力实现从传统水利、工程水利向资源水利、环境水利、生态水利和民生水利的华丽转身，才能实现全流域"河畅、水清、岸绿、景美"的目标。

清华水菊径段

横槎水——浪引浮槎访玉京

何宇昭

当第一滴清露从海拔533.8米的金牛尖顶某片翠绿的叶尖滑落时，横槎水便开始了愉快的旅程。她在婺西南大地上，从北至南，画出了一条全长56.6千米蜿蜒如游龙的绝美曲线，在太白荷岸与朱村之间，汇入滔滔乐安江。

横槎水严田段

这片区域，在商周时期便有了人类的活动。如今，沿河的水埠、人家、深潭、浅滩、古桥、石碣，辗转错落，与周围的茂林、修竹、茶园、稻田融汇为一体，绘成了一幅连绵不绝的百里画卷。她以年平均

1908毫米的降水量，借助上下游严田、锦田、碧山、沂村等数十座石碣的抬水功能，如母亲般哺育了流域内3067公顷的耕地、667公顷的茶园，成就了这个婺源县的主要粮食产区。

金牛尖高高低低的针阔叶乔木，蓄养了河流的源头。山之西是湖山，山之东是上下严田、巡检司、儒家湾，稍远还有甲路。附近一带的村民还记得山深之处的翠微庵，记得蔓草荒烟间的和尚坟，记得早年樵夫曾经幸遇金牛的古老传说。溪水潺潺流经两麓，百草葳蕤，山花寂寂，沿途随处可见的九节兰，每逢花期，幽香浸满山谷。

溪流浸润的数个村落，都是聚族而居的婺西南古村，严田、甲路、横槎、中云、方村、潘村，在徽州历史上，都留下了浓墨重彩。溪流沿岸，龙川书院、毓秀书院、福山书院、湖山书院等，播传着千年不散的书香。

唐末建村的甲路，既是徽饶古道上的一个重要节点，也是横槎水初离金牛尖山麓拐入一道峡谷的出发地。水流经过的五里长街上，一座横跨清溪的花桥，见证过岳飞戎马征战的匆匆脚步，正如岳飞诗中所言："上下街连五里遥，青帘酒肆接花桥。十年征战风光别，满地芊芊草木娇。"

甲路村头，河流拐入山谷处，一座太医祠至今香火不绝。这是人们为了纪念400年前的一个张姓太医世家而建造的，他们医术精湛，医德高尚。祠前年深月久的石碑上，刻着"橘泉香杏""神恩再造"之类的颂语，尽管苔痕深深，字迹剥蚀，却能力证一段人间温暖。

北宋时期，一位名叫黄诚的年轻人，从婺北通元观卜得"遇槎而止"之兆，他选择在甲路村头，开启了一场命运之旅：效仿仙人乘槎渡海，乘着一副南瓜棚架，顺流而漂，去寻觅新的宜居地。在这段潆绕曲折的溪流上，仙人桥、骏义桥、王恩桥、高道桥、仁寿桥先后虹架，连接两岸人家，而黄诚所乘的南瓜棚架，终于横搁在河流冲出山谷的喇叭口，一个叫"鲍汀"的地方。黄诚弃槎登岸，抬头一看，汀头一片枫林，灿若云锦。按照卜签的暗示，黄诚在这里安居下来，从此千年烟火生生不息，两岸人家鳞次栉比。这个因卜居而得名的横槎村，坐落在横槎水中段形成的一处冲积平原上，这里南津与北宅，横槎与碧山，隔水相望，再加上两岸绿树成荫，滩地水流错落有致，旁边一处略加点缀而形成的碧山公园，常常引人驻足，隔着一层岁月的淡烟，化作一番对往事的遐想。

仁寿桥

横槎村头，一座由僧人淡斋十方劝捐建成的仁寿桥，目睹了一场160多年前的激战。清咸丰七年（1857）二月十五日，清军与太平军在这里短兵相接，鏖战三天三夜，最终太平军获胜。仁寿桥下，陈尸数里，血染长河，战况十分惨烈。沿岸土丘，埋葬着成堆的战士骸骨，河底沙石间，偶然能寻见锈迹斑斑的箭镞。

仁寿桥不远，有横槎人于宋代建造的龙门观遗址。这里四面环山，中通清流，曾有三清殿、玉皇楼、烟霞阁等十数幢巍峨建筑，清幽不减蓬莱、天台之胜。直至中华人民共和国成立初期，这里仍然保留着气势宏伟的道观建筑。只是昔日"活泼如菩提水"的龙门滩，如今幻成数顷良田，于寂寂青山间，年复一年地摇曳着丰收的希望。

河水南流，几经盘曲，经山桠，过周家，在方村村东绕过一个大弯，映照出沿河人家的粉墙黛瓦，绿树红花。方村旧称"平盈"，于南宋初年建村，在近900年的历史长河里，次第走出了一批通过科举入仕的文武官员，一批经商吴楚卓有成就的巨贾，一批白首穷经、著述传世的学者，一批医术精湛、普济世人的医家。人物踵接，灿若星辉，仿佛只是为了证明横槎水经久不息的涓涓雅韵。

在即将汇入乐安江之前，横槎水滨，屹立着一座从前唤作"芳溪"，如今直称"潘村"的古老村庄，村周至今保存着一段段精美的明代围墙遗址。《婺源县志》记载：

> 邑南太白潘村，以接近鄱湖，屡被寇害。嘉靖间，里人潘福远、潘怡奏请钦谕代巡孙公、郡守李公催筑围墙，周五里许，开三门，立规保障。

短短数行，还原了明代中期潘村人家经受的磨难。历史上的潘村，读书入仕、就贾四方的成功人士众多，村中宗祠林立，牌坊巍峨，寺庙庵堂香火终年不绝，官第商宅美轮美奂，富庶程度远近闻名。这里不仅是两岸人家乘舟而下追逐梦想的所经之处，也是鄱阳湖匪溯流而上掠夺财富的首选之地，当地富豪独资筑造了坚固的围墙，宗族民众携手御侮，勇敢地捍卫自己的生命财产安全。

水出潘村，渐见河面宽阔，两岸平缓。与潘村相隔五里的荷岸，便是横槎水汇入乐安江的地方。河水清且涟漪，水岸石埠齐整，偌大的荷岸人家，因河边绿树掩映，只露出少许的飞檐翘角。隔河相望的朱村传来鸡鸣犬吠，村外几丛修竹，几处果木，临河一片高高低低的菜园子，蓬蓬勃勃地生长着应季而生的农家蔬菜。这里是乐安江与横槎水千万年以来形成的冲积平原，土厚地肥。两河交汇的开阔处，既是上游木竹远运长江的出口，又是鄱阳乐平方向上运货物入婺的码头。

> 所以春夏溪流初涨，风帆往来，登高俯视，如断云惊鹭，出没于洲屿竹树间，洵大观也！
>
> ——周鸿《婺源山水游记·太白》

昔日的码头、商埠，见证了历史深处的商业繁华。也许正是这个原因,横槎水沿岸的严田、横槎、方村、潘村,走出了无数泛排江海的木材商人,撑起了苏浙一带木业经营的一片天。

荷岸东南,河风阵阵,昔日码头上下的片片帆影,消失于历史深处,还原了这里的安谧。今人屡屡提及,盛唐时期,漫游天下的大诗人李白、王昌龄等,在这里弃舟登岸,深入徽州腹地寻访,后有楚人徐士明描写太白渡口的诗句为证:

> 星江春水洞庭秋,片片樯帆似点鸥。日落长沙怀李白,不教人醉岳阳楼。

时光渺渺,历史远去,云水苍苍,1000多年前李白一行的游踪究竟如何,任由后人遐想。曾经临水而建的"太白仙市",以美妙的名称,向人们证明了此地永不磨灭的一段风流。

庚子年秋,婺源县投资2000万元,对横槎水流域重点村庄河段进行治理,沿线因年久失修或者洪灾损毁的地方得到了全面整治。美丽富庶的河沿,将以景观式新面貌出现在人们面前。而太白镇投资几百万兴建的湖山公园,成了横槎水入江处的一道新景,这里的亭台楼阁与长河远山一道,融接着历史和未来的无限荣光。

秀水湖——遗落婺西的明珠

何宇昭

秀水湖的湖光春色

一

　　五月上旬，秀水湖面在季节的召唤下，缓缓上涨。

　　尽管距离梅雨季节还有些日子，乍阴乍阳的天气却使湖区变得雨意朦胧，变幻莫测。湖空常常飘移着带有雨意的云雾，云雾连着蓊蓊郁郁的山峦，漫山的绿瀑布似从天际滑塌而来，陡然涌入湖中，而微微荡漾的清波又像是鼓胀着流动的身体，欲将涌入的山色推挤远去，一湖清绿就这样在山水云雾的缠绕中陡然入画。此时，各种鸟类的歌舞，给安静的湖面注入了让人悸动的安详。

秀水湖畔，千年古村黄砂村南，一座建于明成化年间的石桥——昌大桥，依然以500多年前的姿态，守卫在婺乐古道上。桥头立有碑记，详细叙述了历史上黄砂周边山环水绕的情景：

> 吾凤沙去县治九十里，于婺为遐乡，里有溪焉。沿溪观之，其水出浚源山，过凤游，合王封，经童尖南入东霓。黄岩、小港环绕于吾村，西流百里为洎川，又百里为镜河，奔腾澎湃，直抵鄱湖，如江如海，滔滔焉，莫之能御也。

凤沙，即今天的黄砂。而浚源山，就是婺西凤游山。它以凌空之势，沿东北—西南走向，横亘在婺浮边界。数十里外，另一条叫嶒崀的山脉，与它同向并行，耸立在婺乐边界。两山遥对，中间一片微微起伏的山峦，村庄掩映在绿树丛间，田畴于四季轮换中奔涌出一派丰收的色浪。这里溪水终年潺湲，源自凤游的浚源水，与源自鸡山的镇头水汇于杨家坞，经黄砂而南下，与来自虹潭方向的一溪清流，每年于春夏两季在黄砂村周形成一次次的洪波，漫向邻近的董门、秀水、虹川诸村。

久而久之，这里便成了木竹出发水运鄱阳的起点，也成了各种日用货物下船登岸的终点。商埠、码头、教堂、古村，绘出了婺西南大山里的异样风华。

二

日出而作、日落而息的山间村落，终于有一天，迎来了阵阵人欢马鸣。为了解决下游乐平县工业用水、农田灌溉和发电等诸多问题，乐平、婺源两县协商，在乐平境内的外山田村一带拦筑两道大坝，建成一座大型水库。

　　1958年9月3日晨，大坝正式破土动工。由于缺乏机械作业，两县动员了数十万民工肩挑背驮，号子声、吆喝声此起彼伏，响彻云霄。历经两年多的艰苦奋战，一座雄伟的大坝矗立在山涛之间。1960年3月23日，水库开始蓄水。

　　建成后的水库，集水面积为124平方千米，总库容1.73亿立方米。从大坝到上游黄砂村，水面纵深近23.5千米，最深水位69.5米。水面1.4万亩（婺源境内近1.2万亩），可养殖面积1.27万亩。水力发电站装机容量为1585千瓦，年发电量为400万千瓦·时，灌溉农田15.9万亩，受益乡镇10个。因湖水长期保持二类水质，渐渐成为乐平60余万人口的饮用水源。这座以灌溉和饮用为主，兼顾防洪、发电、养殖和观光等综合利用的大型水库，以巨大的贡献，证实了两县人民的远见卓识。

枣树桥

　　上涌的库水很快淹没了婺源境内珍珠山垦殖场的大片稻田、森林和村庄。懂得互助互利的婺源人民，为了成就这个造福多方的工程，沿途9个村庄共上万人放弃了森林、田地，搬离了祖居地，改变了世代相循的生活。昔日川流不息的码头、商埠、教堂、古村，已成一片泽国。感念婺源人民的牺牲和支持，人们称之为"共产主义水库"。

冬去春来，60年的沧桑岁月中，人们精心呵护着这片碧波荡漾的水域，由此衍生出一种愈来愈浓烈的依恋情绪，依恋她的富庶，依恋她的美丽。乐平人以其色泽和气质，唤她为"翠平湖"；而生于兹长于兹的婺源人民，更喜欢她的另一个名字——"秀水湖"。

三

对于一湖清波的呵护，是从森林开始的。

随着秀水湖上游区域实行林木禁伐，以及珍珠山省级森林公园的建设，凤游、嶂崤两山之间的广阔丘陵地带，形成了一片18万亩郁郁葱葱的林区，其中在珍珠山乡范围内便有11.25万亩的天然阔叶林。这些以常绿阔叶木为主的密林中，树种多达100多种，千年银杏、千年黄檀，红豆杉群、楠木群、古樟群、香枫群，遮天蔽日，令人神往。每到深秋，斑斓的色彩，上接蓝云，下映碧水，营造出一幅人间仙境。林中果实累累，食材丰沛，苦槠、酸枣、锥栗、香菇、木耳、笋干，滋养着滨湖人家的山中岁月。而围湖种植的茶叶、皇菊、杨梅、西瓜、柽籽、蓝莓，养殖的蜜蜂、有机湖鱼，以及当地居民用传统手法制作的干鱼、酒糟鱼、酱果、酸枣糕，映射出滨湖人家的幸福笑脸。

宽阔的湖面间，飞翔着鸬鹰、天鹅、鸳鸯、白鹭等无数叫得出和叫不出名来的禽鸟。湖中汪村岛更是鸟的天堂，村周围沿湖生长的大树上，栖息着成百上千羽可爱的精灵，人鸟相安，鸟语喧哗，人在树下拍手，众鸟惊飞，羽翼铺天盖地，久久不息。

四

不知从什么时候开始，水质优越的秀水湖，成了各类鱼虾的天堂。鲤鱼、鲶鱼、鲫鱼、鳙鱼、鲭鱼、草鱼、秋姑鱼、泥鳅、龙虾，装点着滨湖人家的日子，他们会掐着时间的节点，去追赶令人向往的渔汛。每逢二三月春寒，鲶鱼、鲫鱼便是湖中的主角。鲫鱼大至二三斤（1斤合

0.5千克），鲶鱼可长到二三十斤，牙齿锋利，胡子长得吓人。四五月间，鲤鱼和草鱼居多，它们顺着猝不及防的水流，哗啦啦地游进大湖。秋冬两季，捕的鱼多为鳙鱼和白鲢。鳙鱼和白鲢游弋于水的表层，浮游生物是它们取之不尽的食材。鳙鱼大者七八十斤，小者十余斤。不知何年，一种叫作白鲦的鱼儿启幕登场，渐渐成为人们关注的中心。由于白鲦的大量繁殖，秀水湖开始拥有远近闻名的渔季。

秀水湖的渔季是踩着春末夏初的雨声悄然到来的。这时候，湖岸两边的稻田、河流、水圳，漾满了湖水，成了鱼儿追逐的泽国。湖中经冬历春的白鲦，已经长到10厘米，它们身长鳞亮，在梅雨的呼唤声中，循着河水入湖的方向洄游而上，去寻觅产卵的好地方。黑夜的浊浪里，千千万万闪着白光的白鲦奋勇争先，形成了一道非常壮观的自然景象。此时，田野成了湖泊，浪中招摇的水草，就是它们产卵的好地方。借着搬罾、大网等工具，滨湖人家在每个雨后的黎明，都能有一两百斤白鲦的收获，大箩小篮，白花花一片。

雨后的秀水湖开始放晴，滨湖人家顾不上休息，他们得趁着大好晴日，将这一堆堆的鲜鱼去脏、初洗、盐渍、再洗、晾晒、上笼、烟熏，于一天内完成全部工序才能踏实。这就是远近闻名的黄砂干鱼，而制作黄砂干鱼的上选是白鲦。这时，滨湖人家的院子、谷浪、铁算、竹盘、门板，处处铺满鱼条，仰接满天阳光。当地人说，年成最好时，湖中年出鲜鱼300万斤，周围村落可产干鱼10余万斤。

五

"好景明于昼，长浮五色波。"这是宋代张尧同《嘉禾百咏·秀水》中的诗句。700年前如五色画的秀水村，早已沉入湖底，而新时代的湖光山色，则是一处远近闻名的风景。尽管为了保护这片60多万人的饮用水源地，对于许多诱人的林湖旅游开发项目，当地政府和有关部门只能忍痛割爱，但被风光和物产吸引而来的游人还是络绎不绝。寂静的湖面上，常有快艇犁出条条流畅的雪浪；还有许多垂钓爱好者终日安坐于沿湖林萌间；一条环湖自行车赛道上，迎来了来自天南地北的体育健儿。秀水湖所在的珍珠山乡渐渐成了国家运动休闲小镇，而滨湖的黄砂，则建起了几十家条件不错的民宿，承接着一拨拨从远方赶来的摄影爱好者、体育赛事参与者、生态文明考察者……

第三章

婺源林业

一树春风千万枝

方以伟

林业，是培育、经营、保护和开发利用森林的事业。按其发展历程，人们习惯把林业区分为传统林业和现代林业。传统林业以生产木材为主，而现代林业则引入了可持续发展的理论，更加注重生态环境的保护建设，是追求经济、环境和社会效益高度统一的林业。

婺源青山

在叙述婺源林业的发展历程之前，我们先来了解以下几个与林业关联的概念。

林地

林地是森林的载体。《森林法》规定，林地是指郁闭度0.2以上的乔木林地以及竹林地、疏林地、未成林造林地、灌木林地、采伐迹地、火烧迹地、苗圃地和县级以上人民政府规划的宜林地。婺源林地面积达378万亩，占全县国土总面积的85%。

森林

森林是一个生态系统的总体，主要包括乔木林、竹林和国家特别规定灌木林地。按用途可以分为防护林、特种用途林、用材林、经济林和能源林。森林被誉为"地球之肺"。婺源森林面积达348.51万亩，其中纯林258.82万亩（针叶林109.98万亩，阔叶林148.84万亩），混交林68.24万亩，毛竹21.44万亩，另有油茶10.05万亩，茶叶10.87万亩。

森林蓄积量

森林蓄积量，亦称活立木蓄积量，即一定面积森林中现存各种活立木的材积总量，以立方米为计算单位。婺源活立木蓄积1671.7万立方米，其中森林蓄积1654.6万立方米。

森林覆盖率

森林覆盖率是指森林面积占土地总面积的比率，是反映一个国家（或地区）森林资源和林地占有实际水平的重要指标，一般使用百分比表示。婺源森林覆盖率达到了82.64%。

婺源林业的发展历程可概括为从生产建设向生态建设转型，从粗放增长向集约增长转型。主要经历了四个阶段：

第一阶段——木材大生产时期。

这一时期国家正处于社会主义建设初期，婺源林业的主要使命是为国家建设提供更多的木材。林业成为当时婺源最重要的支柱产业之一。

第二阶段——大力培育森林资源时期。

这一时期国家迈向了改革开放，人们意识到了森林资源保护的重要性，国家发出"植树造林、绿化祖国"的号召。轰轰烈烈的植树造林活动在婺源全县各地迅速掀起。20世纪80年代以来，婺源林业提出了"一年消灭荒山、三年绿化婺源"的口号，鼓励并采取合作造林、个人造林等形式，先后实施了部省联营造林、国家造林、森林资源保护发展等森林资源培育项目，以实现一年消灭荒山的目标。婺源林业开始从"产业型"向"生态型"转变，森林得到了休养生息，这是历史性的转变。

第三阶段——生态保护建设期。

这一时期国家进入新世纪，林业在可持续发展中的重要地位和作用日益显现，迎来了良好的发展机遇。国家整合实施林业"六大工程"，资源培育步入快车道。婺源林业发展的速度和质量在这一时期得到了不断提高。先后实施了国债长江防护林工程、退耕还林工程、日元贷款造林工程，全县林地面积由20世纪80年代中后期的293.3万亩发展到378万亩，森林蓄积由819.2万立方米提高到1671.7万立方米，森林覆盖率由52.7%提升到82.64%。森林资源实现了数量和质量的"双增长"，全面步入良性循环发展阶段，为林业发展和生态建设夯实了基础。

第四阶段——生态建设发展期。

这一时期中国特色社会主义进入新时代，人们对美好生活的向往成为时代的主旋律。习近平总书记指出，"生态就是资源，生态就是生产力""绿水青山就是金山银山"。生态建设、生态安全和生态文明被确定为林业可持续发展的战略思想。婺源林业积极探索"两山"理念转换实现路径，全面实施生态保护工程。划定公益林补偿面积154.9万亩，其中国家级公益林98.87万亩，省级补偿面积56.1万亩；实施天然林全面禁伐，全县天然林面积271.5万亩，其中纳入公益林面积126.08万亩（国家级公益林85万亩、省级公益林41.08万亩），停伐保护管护面积111.58万亩；建立自然保护小区191处，县级自然保护区1处，国家级自然保护区1处；国家湿地公园1处；国家森林公园（灵岩洞）1处，省级森林公园2处。环境就是民生，青山代表着美丽，蓝天意味着幸福。

新时代的林业被定位为生态环境建设的主体，为建设天蓝地绿水清、宜居宜业宜游的美丽婺源发挥了重要作用。自此，传统林业的影子日益淡化，现代林业的思路正在逐步清晰明朗。

婺源是全省重点林业县。我们常说，婺源是一颗镶嵌在赣、浙、皖三省交界地的绿色明珠，被外界盛誉为"中国最美乡村"。她美在生态，美在人与自然环境的和谐相处。婺源林业从生产建设向生态建设转型，发展进度快、发展质量好、发展成效斐然，先后荣获"全国绿化模范县""全国封山育林先进单位"等诸多林业发展荣誉称号，提升了林业生态建设的水平，唱响了生态婺源的品牌。

一场保龙案，延续300年

胡兆保

《婺源县志》中的插图

徽饶古道，自饶州府驻地鄱阳开始，逶迤辗转，经浮梁至婺源西境虎溪，穿过冲田、甲路、清华、沱口、凤山、虹关、岭脚，再经旧属婺源浙东乡的樟前、梓坞，出县界经休宁至徽（歙）州府驻地歙县。当徽饶古道途径清华地段时，与一条始自大鄣山蜿蜒向南的龙脉交汇。300多年前，就在这船槽岭一带，曾发生过多起严重危害婺源龙脉的事件。为保护船槽岭一带的山林龙脉，从安徽抚院、徽州府到婺源县多级官署衙门先后发出一道道禁令，从明万历年间直到清代晚期，前后历经300多年，影响深远。

古人认为大鄣山是钟灵发脉之地，婺源文运昌盛人才辈出，与山脉来龙、钟灵毓秀有关。所以婺源人对山林龙脉的生态环境保护，历来十分重视。

婺源县北屏障大鄣山，向南沿仰天台、南源、左右龙池、天井源，经船槽岭峡、天堂山，绕九老芙蓉尖，再到县城儒学山，山连山、峰连峰，如神龙蜿蜒起伏，雄美瑰丽。船槽岭峡在清华北5千米处，这一带山峰嶙峋，藏奇纳秀。左龙过峡为石岭，平地突起文笔峰，峰下有砚池、月山、石室，外有石山昂立如狮、如象；右龙过峡为小船槽岭，峡畔突起日山，外有狮山、虎山、龙山；中龙过峡为大船槽岭，前有五星聚讲山，还有金星、火星、水星山，如天造地设。

明嘉靖年间，船槽岭一带因山体有大量裸露的石灰岩，招致不少村民上山肆意砍伐林木，采石烧制石灰。开始时仅在龙峡附近开采，后私营罔利的开矿者越聚越多，不久便殃及山林正脉，每日锤凿之声不绝于耳，开凿的粉尘弥天漫地。

婺源有识之士忍无可忍，纷纷斥责这些财迷心窍破坏山林的开矿者在"割肉充饥"，伤及山林龙脉，祸害自然生态，丧尽天良。知县发现事态严重后，立即派员查勘，发布禁令。船槽岭滥采乱伐严重破坏自然生态事件，也引起了旅外婺源人的忧虑和愤慨。明户部侍郎游应乾得知家乡船槽岭龙脉大伤，"椎凿几尽"，非常气愤，大声呼吁"申饬严缉捕，使顽者不得逞，捕者不得贿，以威命呵护山灵，永保无虞"。明太仆寺卿汪以时也义愤填膺道："婺之方舆，最胜在县学龙，最奇绝在船槽""愚民竞利捍纲取石烧灰，奇峰石室伤残殆尽！"并亲书《船槽岭龙峡公疏》，表明"向来本都取石烧灰，原只在打鼓坦，去龙峡辽远，自嘉靖甲子，乡有胡某者，妒见船槽岭一带石山可恣开凿，罔利作俑始，至龙峡左右前后及龙脊正身等处，任意挖凿……譬之割肉充饥，不念肉割而人毙，屡因山缺表章，人昧来历，未有救正，无复顾忌，以致地方愚民不务农业，咸竟烧灰起篷，雇匠槌凿，兴贩外境无厌，夹峡、月山石洞石龙尽凿为平地；诸如文笔、日山、狮山、龙脊石笋石砲斫削几尽。间凿一山，则崩颓之声动惊数里，闻者心寒胆慄……合请通县同倡义举，各具呈词，禀求亲勘，立石禁戴，严加保全……当今本邑急务，谁复有大于此者？万勿袖手坐视残害，则民命幸甚，山灵幸甚！"

此后，徽州府、徽州府理刑厅皆先后发布禁令，然肇事村人置若罔闻，仍屡禁不止。从明万历三十四年（1606）开始，天启元年（1621）、清顺治十二年（1655）、康熙六年（1667）、康熙二十九年（1690）到康熙三十二年（1693），安徽抚院、总督两江部院，徽州府、徽宁道、婺源县等官署衙门都先后发布禁令，明确婺源水岩、通元、石城山、角子尖、天井源、重台石、岩岭峡及左右龙池、大船槽岭峡及文笔、月山、五星聚讲、狮象山，小船槽岭及冷风洞、日山、蓬头山等地，无论官山民山，一律禁止采石烧石灰，违者定行从重究罪。"如有地棍违禁开凿，奸棍串通衙蠹"阳奉阴违，私开窑户取石熔灰，将按照"斩龙屠冢律例加等治罪"，严惩不贷。

明清时期，婺源多次编印《县学龙禁禁约》《保龙全书》，还约请婺源知名人士和地方官员撰文题序，扩大影响。康熙年间的徽州知府朱廷梅曾撰《保龙序》，反复强调婺源船槽岭龙脉的重要性，其中曰：

> 天壤有两师表，朱阙里与孔阙里隐相望，而孔之生发祥泰岱，朱之生发祥船艚，是盖天地之菁华，氤氲郁积，非奇峙绝巘，仅供元览胜游者媲也……前明以来，尔婺绅士为保龙计，可谓备极心劳，而各宪戒词煌煌如星日，载在《全书》，班班可考，余特守成耳。从兹以往，尔绅士凡与厥责，益协力禁绝。

然而，乾隆三年（1738）又发生泾县张氏聚集300人，窜入大鄣山深山老林伐木烧炭事件。时朱熹后裔、婺源世袭翰林院五经博士朱世润等再次呼吁，婺源处万山之中，大鄣山为诸山之祖、徽饶界址、吴楚源头，是学脉的泉源要地，所谓鄣山毓秀，文公百世经师。要求官府勒石永禁，保护山灵，以振人文。

直到清代后期，婺源保护山林生态的禁令仍有颁布。光绪十六年（1890），知县段树榛发布公告，明令北乡船槽岭峡一带无论官山民山，一律禁止开山凿石，石灰窑一律平毁。此外，还专设保龙局两处，县紫阳书院为总局，清华黄家教忠书院设分局，派人密巡不息。

禁碑

婺源自然生态环境优美，山林茂密，山清水秀，与婺源人自古以来对山林自然环境的敬畏和呵护紧密相关。历经300年的保护山林生态禁令，反映了婺源先民对风水龙脉等自然生态保护的执着。婺源人保护山林龙脉习俗的世代传承，为婺源留下了秀美的自然环境，才使得今日婺源成为"中国最美乡村"。

护林，岂止是杀猪封山

汪发林

　　婺源境内群山披绿，林海莽莽，森林覆盖率高达82.64%。婺源每一处乡村都有后龙山和水口林，那些数百年树龄的古树就像是守护神，庇佑着一方安宁。而这些古树得以存活至今，与婺源人世世代代坚持护林密切相关。"杀猪封山"是婺源经典的护林案例，妇孺皆知。但婺源护林措施又岂止是"杀猪封山"？

杀猪封山

　　秋口镇沙城洪，古称"丰洛"，位于饶河南岸，形如一只倒扣在地的大船。村口有一大片古树林，树干粗大，枝繁叶茂，不仅能挡北风，护佑村庄，还是一道耀眼的亮丽风景。

　　这道风景曾面临被毁的危险。为使林木不被盗伐，人们痛定思痛，想出了一个相对文明的乡规民约，那就是"杀猪封山"。每年由村民一起确定封山的具体日期，每逢此日，各户村民一起出资买一头猪，宰杀后大家一起分吃猪肉。此日过后，如果发现有违反禁令、盗伐山场林木者，则按约定把他家的猪拖出来杀掉，全村一起分食猪肉。

　　多少年过去了，"杀猪封山"的故事还在流传，村口的那片古树依然翁郁苍翠；护林爱林仍然是当地村民的自觉行动，就像遗传基因一样深深地刻在他们的精神血脉里。

程村中被古樟从根部护住的禁碑

世代虔诚敬树神

在婺源各处乡村，世代流传着"敬树神"的习俗，村边、水口那些数百年树龄的古树，常常被当地村民当作神灵来虔诚供奉。过去，村民们常常在一些被砍倒的古树树洞中发现很多筷子，多的有一箩筐。在民间传说中这是由树神从各家各户"遣"去形成的，所以村民视大树为神。

婺源乡村尤为奉樟树神，称樟树为"菩萨树"，把古樟树称为"樟树老爷"。樟树老爷没有签诗，求医的信众一般向樟树老爷"求仙丹"，即在古樟树下焚化金银香纸，口中默诵祈愿，然后包些香灰、刮些树皮带回家去，煎水给患者服用。

还有一些家长希望子女"无灾无厄，麻痘稀疏，易长易大，成人变豹"，便将子女"寄世"给樟树老爷，让樟树老爷来护佑孩子顺利成长。因此，昔日取名为"樟佑、樟保、樟顺、樟荣、樟弟、樟女"等的人就有很多。全县许多地方都尊称古樟为樟树老爷，虔诚敬奉。

科学护林谱新篇

不仅要护林爱林，更需要植树造林。南宋淳熙三年（1176），理学大师朱熹第二次回故乡婺源，来到九老芙蓉峰祭扫祖墓，并按照八卦方位在祖墓周围种上24棵杉树。八百多年过去了，当年朱文公亲手种植的杉树还留存16棵，组成壮观的"江南古杉王群"。经多方专家考证，这是世界上现存最古老的人工林，朱熹也因此成为植树造林的鼻祖。

20世纪50～80年代，婺源在全县开展大规模植树造林活动，持续数十年，把县内绝大多数的荒山野坡都变成树木葱茏的林海，为婺源的优美生态打下扎实根基。

进入21世纪后，为大力发展乡村旅游，加快建设"中国最美乡村"，打造生态文化"大公园"，婺源县政府决定从2009年起，全县十年禁伐天然阔叶林。除了禁伐阔叶林外，婺源县还进行大面积封山育林和造林绿化，有序关闭木材企业，积极推广以电代柴。

樟树老爷

为真正从源头上预防破坏森林资源的行为发生，婺源县以"一区一警、一警多能、双警联勤、责任到人"的林区警务模式，建立以派出所为龙头，警务区、责任区为平台，护林员为骨干，乡镇及村委会为基础的林区治安动态防控体系。这些措施仿佛织就了一张天网，守护婺源的绿水青山，然后将其变成金山银山。

婺、乐交界处，生态官司二十载

陈 琪

婺源县许村镇项村与乐平县洪岩镇王冲坞接壤，这里山不高林不密，属于低山丘陵区域，古时是皖赣两省的交通要道。如今交通便捷，可古道仍然是人们寻幽探秘的好去处。鄣睦古道上有2块古代碑刻，记载了一场历经20年的生态官司。

走鄣睦古道，项村是一个重要节点。传说项村始迁祖项仰斋是楚霸王后裔，明万历年间由甲路项源迁去项村。项氏既尚武，也善文，且项村前有笔架山，历代文风鼎盛，历史上出了12名进士。

小溪边的古道是一条青石板铺就平坦的乡间小路，长长的古道上，每块青石板中间都有一条深深的凹槽，那是独轮车碾压的痕迹。古徽州婺源县的土特产用独轮车运到乐平，而江西也用独轮车，将猪崽、雏鸡运到婺源，两地频繁地进行着边界贸易。当

婺乐交界处的桥板

地老人说，在抗日战争时期，这里的独轮车曾为开化县华埠抗日前线运输过军需。解放战争后期，婺乐古道沿线属皖、浙、赣敌后游击根据地区域，当地群众用独轮车运送粮食、军鞋，与武工队、民兵、民工队一起，协助解放军南下作战。

如今，多数青石板已被杂草、泥土掩盖，有的被移到水沟之上，成为搭脚的桥板。

在婺源、乐平两县交界处路边苦槠树下，有两块并立的碑刻引起了徒步者的注意。这两块不同年份的碑刻，署名分别为古时安徽婺源、江西乐平的两个县令。碑文写的是什么？为何要立在这两县交界处？经过仔细研读可知，两块碑文是分隶两省的两个县令签署的两份"红头文件"，还原了一场延续二十载的生态官司。读罢碑文，人们会明白生态经济对山区人民来说何等重要。

我们先来看看同治四年（1865）婺源县正堂陈善奎知县的碑刻。原先项村一带盛产茶叶、柽子油（茶油）。这2种作物是当时农村的主要经济来源。可这项村地处偏僻的西乡，每到春秋两季，附近的乐平人就会来强采强摘，甚至抢劫伤人。这块碑刻便反映了当时的情况。同治四年（1865），婺源县西乡四十二都项村龙源的吏员项仰尼、叶璜，武庠生项炽，监生查正来，理首项起寿、方兴祖、胡仙泰、项兆株等到县衙禀报：我们这些居住在偏僻的嶰崆、山樟、塘坞、樟棵等处的山民，以往都是每年春天采摘茶叶，秋冬采摘油茶籽，既可完纳朝廷课税，又可维持家计作衣食之资。但是无奈人心不古，附近乐平县一些无赖之徒，每到春秋两季觊觎我处茶叶与茶籽。刚开始，他们只是私窃，不敢公开违法，后来却明目张胆地到我们所居山棚里肆行抢夺。人们只能含冤愤怒，捶胸顿足，却没有办法。为使山民有衣食之安，项村项仰尼等众民牵头，邀请了附近乡邻耄耋士绅，妥议章程，并到县衙恳请给予布告张贴，"以锄强暴，以安良民"，以使"盗风少熄，生计日增"。为维护地方治安，陈县令签发告示，要求乐平、婺源附近居民，自即日起："尔等务即各安本分，不得肆行抢窃，倘有无赖之徒，仍成群结伙在该处山篷肆行抢窃，许即驱拿，并令该约保等查明，指名禀县，以凭提案讯究，决不宽贷。"县太爷这张谕禁告示，刻成石碑立在两县交界的古道上，希望两县交界处的人共同遵守。

这件事看似平息了，其实不然。虽然我们无法知道过往的经历，但立在同一位置的光绪十年（1884）乐平县正堂罗建祥的告示说明，边界的生态官司一直没有停息，甚至越闹越凶。

原来在光绪五年（1879）时，乐平县段村段桢维、段五小、段气邦、段老四、王边毛、朱长才等人前往婺源县庄山村山场捡拾桂子（油茶籽），双方发生纠纷，继而械斗，至使婺源县庄山村陈焱青死亡，陈氏家族因此由陈有容牵头提起了诉讼。因当时婺源、乐平两县分属安徽、江西两省，因而两县对案件相互扯皮，一拖6年无法了结。无奈，婺源县正堂通过安徽院司移交乐平县正堂。光绪十年（1884）乐平罗建祥县令刚刚到任，迫于原告陈有容到县呈催，不得已将案件再次审理。然而，罗县令以"陈焱青被段村何人毁毙，虽无确证，而究因捡拾桂子所致。现在案悬六载，拖累多人，若不设法讯结，牵控伊于胡底？现经本县断令段文沄等出洋150元以为陈焱青埋呈之资，并谕令段文沄等嗣后约束子弟，不得再赴婺邑庄山等处捡拾桂子"。为了吸取教训，乐平县正堂将此案批示严禁，要求"段村、合村人等，嗣后当以前案为鉴，慎勿再赴婺邑庄山捡拾桂子，倘敢故违，一经山主来乐具控，定将捡桂之人差拘来县，从严惩办，出结之人同于究处"。就这样，一桩命案仅以150元龙洋了结。虽明显有失偏颇，原告陈有容迫不得已销案。

两块碑立在古道上，记载着两地村民为了采茶叶、摘茶籽而发生的矛盾纠纷，说明茶叶及油茶是山区村民的生计问题。婺源乡民为捍卫自家秋收果实，在同治四年（1865）及光绪十年（1884）先后打了两次官司，前后时间跨越20年，特别是光绪十年命案拖延六年之久，可想而知边界的矛盾与纠纷从没间断，也说明当时官府的无能。

如今，婺源县项村与乐平县段家村的公路已通，古道是人们寻古探幽的好去处，这里的茶叶和桂子油等土特产，仍然是乡村经济的重要支柱。走在古道上，两县交界的山场油茶漫漫、茶园青青，两县交界的乡村粉墙黛瓦，处处洋溢着欢乐祥和的气氛。随着两地经济发展，人们再也不会为了生计而发生山林经济纠纷。

同治四年婺源县正堂石碑　　　　　　光绪十年乐平县正堂石碑

　　婺乐古道上这两块碑刻，从历史的角度证明了习近平总书记"绿水青山就是金山银山"生态理念的重要性。

来龙水口护家园

吴精通

婆源百姓尊崇朱子倡导的"尊重自然、爱护万物、人居和谐"的生态文明理念。在朱子的教化下，婆源人重视保护来龙水口，营造了人与自然和谐相处的宜居环境。"绿树村边合，青山郭外斜"的美丽家园是婆源生态文明的生动诠释，也是婆源先辈留下的珍贵遗产。

沱川乡溪头村水口

呵护青山来龙

婆源境内群山逶迤，林木茂密，山清水秀，自然生态优美，这是百姓自古以来对自然环境敬畏与呵护的结果。在婆源人眼中，青山被视为人文龙脉，关系一方人事的兴衰。婆源乡间至今仍保存大量保护来龙水口林木的禁碑，既有官府发布的勒石永禁，也有民间宗族自发的封山禁碑。这些禁碑，见证了百姓对一方山水的呵护，体现出民众对自然生态的尊重。正是这些遍布乡间的禁碑，确保了生态保护习俗在婺源大地上世代传承。

婺源北部的最高山脉大鄣山，向南沿仰天台、南源、天井源，经船槽峡、天堂山一直到县治蚺城，山连山、峰连峰，如神龙蜿蜒起伏，壮美瑰丽。人们认为大鄣山是婺源钟灵发脉之地，婺源文运昌盛、人才辈出，与山脉来龙钟灵毓秀有关。所以，自大鄣山至蚺城县学的儒学山，一直被视为县学的来龙文脉，是婺源人文兴蔚的重要保障，婺源士绅对这些山体龙脉的生态保护十分重视。

言坑村水口

明嘉靖年间，清华船槽岭一带因山体有大量裸露的石灰岩，而招致不少当地人上山肆意砍伐林木，采石烧制石灰。随着开矿者越聚越多，不久便殃及山体正脉，每日锤凿之声不绝于耳，开凿的粉尘弥天漫地，严重破坏自然生态。婺源学者与士绅目睹情状，纷纷诉诸县衙，要求官府查办。知县立即派员查勘，发布禁令，禁止开山伐石。随后，徽州府也发布禁令，惩处破坏山体的开矿者，这就是婺源历史上影响极其深远的"保护龙脉案"。

从明万历三十四年（1606）开始，天启元年（1621）、清顺治十二年（1655）、康熙六年（1667）、康熙二十九年（1690）到康熙三十二年

（1693），安徽抚院，总督两江部院，徽州府、徽宁道、婺源县等官署衙门都先后发布禁令，明确了县学龙脉保护范围和惩戒措施，无论官山民山，一律禁止采石烧制石灰，违者从重究罪。如有阳奉阴违、私开窑户者，严惩不贷。

清乾隆三年（1738），外地流民窜入大鄣山深山中伐木烧炭，破坏山林。时朱子后裔、婺源世袭翰林院五经博士朱世润等再次呼吁，婺源处万山之中，大鄣山为诸山之祖、徽饶界址、吴楚源头，是学脉的泉源要地，要求官府勒石永禁，保护山灵，以振人文。

直到清代后期，婺源为保护山林的禁令仍有颁布。光绪十六年（1890），知县段树榛发布公告，明令北乡船槽岭一带无论官山民山，一律禁止开山凿石，石灰窑一律平毁，还专设了保龙局两处。

这场生态保护官司时间跨度近三百年，在中国历史上绝无仅有。正是婺源士绅几百年来坚持不懈地保护自然环境，对群山林木百般呵护，才使得今日的婺源山清水秀、生态优美。

营造村落水口

婺源乡村美在生态与人文的巧妙结合，好在人与自然的和谐相处。婺源人最为注重村落水口，将其视为村落门户，对其巧妙营造，严加保护。

婺源生态文明提倡顺应自然和美化自然，卜地迁居非常重视村落人居环境的改善，随山采形，就水取势，配置以牌坊、亭塔、桥廊、楼阁，美化村落人居环境。村址讲究"天门地户"，来水方向天门要打得开，去水方向地户要闭得紧，水口要有重重关锁，藏风聚气，认为水口的气势决定村落的命运。故在水口培植树木，建筑桥台楼塔，以增加锁钥的气势，也使村落环境变得更加优美、人文气息更加浓郁。如古坦石城村水口，松林枝叶茂密，枫香树郁郁葱葱，成为中国赏枫胜地；又如察关村水口，石桥、古树与村落掩映，成为经典的水口景观；再如段莘乡珊厚村的柳杉、沱川乡篁村的罗汉松、龙山村头的楠木树，皆为宋代建村的始祖定居此地时栽植，至今仍枝繁叶茂充满生机。这一处处水口美景，也使一个个古村落的文化气息和优雅情调更加突出。

严田村水口

婺源百姓视来龙水口为村落命脉，来龙水口的林木被奉为风水林，一律永久封禁，实行严格保护。《翀麓齐氏族谱》规定："一保龙脉，来龙为一村之命脉，不能伐山木，今议来龙山正脉一概培土种树。"清代婺源名人齐彦槐有一副楹联，表现了婺源人崇尚自然、珍爱林木、保护生态的民俗，楹联写道："三山四坞尽栽培，任他武吉买臣，皆不许操斤运斧；片箬只鳞皆禁取，虽是慈孙孝子，也无容哭竹卧冰。"

婺源百姓还将生态保护列入乡规民约，实行封山育林的禁约。对肆意砍伐水口乃至村庄四周山场林木的违犯者，要施行"杀猪封山"、勒石惩戒等严厉的处罚措施。"杀猪封山"，即命擅砍树木者宰杀肥猪一头，并将猪肉分发全村各户，以达到惩前毖后、人人警戒的作用。"勒石惩戒"就是令擅砍水口树木者勒石立碑于世，让其遗臭万年，引以为戒。如清光绪三十年（1904），晓镛大潋村一村民，擅伐水口林木两株，村民激愤，罚其"杀猪封山"，惩处之后又勒石立碑公布于世，告诫子子孙孙须保护林木。

正是百姓对村落来龙水口持之以恒的世代保护，使得婺源乡村水口古树参天、浓荫蔽日、环境清幽。"古树高低屋，斜阳远近山；林梢烟似带，村外水如环"是婺源和谐家园的真实写照，被世人赞为"中国最美乡村"。

林下经济，贵在坚持

李宝田

婺源是江西省重点林业县，全县土地总面积445.1万亩，其中林地面积378.5万亩，占土地总面积的85%，森林蓄积1837万立方米，毛竹2894万根，森林覆盖率82.64%。2005年参与林改的集体林地面积344.5万亩，划定自留山77.1万亩、责任山203.6万亩，集体统一经营管理山场63.8万亩，分山到户率81.5%。

岭西村竹林中的七叶一枝花

近年来，婺源县林业局牢固树立"绿水青山就是金山银山"的理念，用"三个坚持"发展林业产业，重点打造油茶、竹类、香精香料、森林药材（含药用野生动物养殖）、苗木花卉、森林景观等六大林下经济产业。对提高林地利用率和林业综合经济效益、转变林业经济增长方式，延伸林业产业链，实现森林经营的良性循环等具有重要意义。

为加快林业产业发展，婺源县成立了相关领导小组，出台了相关扶持政策，探索林下经济产业发展新模式。大力推广"公司+基地+农户""公司+合作社+基地+农户"等模式，采取一次性租赁、返租倒包、土地托管实物分红、土地入股人人社等多种方式，充分整合和利用林场、合作社的林地资源，有效提高了生态文明的社会效益。

坚持项目引领，百姓在家门口务工增收

婺源县太白镇岭西村，是一个地处婺源县西南偏远的小山村，与革命老区许村镇洙坑村相邻。全村41户162人，森林面积4800亩，其中毛竹林面积3000亩，主要收入来源于年轻村民外出务工。岭西村虽然毛竹资源丰富，但由于近年来竹材价格低迷，村里的竹林基本处于无人管理的荒芜状态。随着通村公路的竣工，2017年婺源县林业局把低产毛竹改造骨干示范林项目定在岭西村。短短两年的时间里，在竹产业精准扶贫项目的推动下，岭西村发生了很大的变化，该村竹材产量由原来的400吨增长到现在的1560吨，竹笋产量从13吨增长到76吨，增长了将近五倍。同时，该村发展林下复合经营竹林中药材年产量也达到2吨。岭西村人均收入从6000元增长到10470元。竹产业精准扶贫项目的实施，成功带动了当地农民脱贫致富。

坚持技术支撑，林业产业大跨越

重点引导发展种植适宜规模经营的名特优品种，有针对性地选择一批先进、成熟的科研成果和实用技术，通过示范基地，形成"一县一业""一村一品"林业产业发展新格局，做到"人无我有，人有我优"。如婺源县龙坞山蜡梅专业合作社，在省、市、县林业专业技术人员指导

下，成功改进山蜡梅扦插育苗技术，借力科技实现了由依托野生资源到依靠技术育苗造林的转变。在传统山蜡梅的基础上，合作社充分挖掘潜力，将山蜡梅资源与现代科技相结合，成功开发出精油、薰香、茶饼工艺品等山蜡梅精深加工系列产品，实现了由单一产品到多元化产品的转变。目前，龙坞山蜡梅专业合作社已注册了"钟吕"牌商标，在淘宝有专门的销售店铺，一年销售额超过200万元。林业部门积极支持、配合龙坞山蜡梅合作社通过申报森林食品基地、绿色食品基地、有机食品基地等，提高产品的竞争力。

婺源县林业局在许村镇引导仁洪村贫困户种植多花黄精等森林药材的同时，出台资金扶持政策，由林业局对该村建档立卡种植多花黄精的贫困户进行苗木款全额补助，对非贫困户的苗木款补助一半，调动村民种植积极性。为攻克技术难题，林业局派出技术骨干到仁洪村举办森林药材种植技术培训班，使村民掌握多花黄精、油茶、雷竹等种植、栽培技术。在县林业局的积极扶持下，该村已初步形成以多花黄精种植为主的林业特色产业。据统计，全县每年均有好几万亩林地流转到林业企业和林业大户手中，主要用于森林景观利用、林下种植养殖、林家乐等。

坚持示范带动，更多林农参与其中

在引导林农发展林业产业过程中，婺源县注重典型示范、辐射带动，积极培育了婺源县香榧产业有限公司、婺源佑美制药、婺源县晓起华联农产品专业合作社、婺源县清元种养专业合作社等一批具有婺源特色的林艺龙头企业与示范基地。香榧产业有限公司创建于2013年3月，注册资金为3000万元，该公司是婺源县唯一一家以种植香榧为主业的农、林业综合发展企业，也是县政府的重点招商引资企业。通过5年的努力发展，公司对接了3个农村合作社，逐步走向正规化，实体化和规模化。目前，公司已在小沱、方坑源新造香榧林4000余亩，小沱香榧苗培育基地70亩，培育香榧苗木7万株。建有秋口金盘红三季苗木培育基地分公司，营造红三季林390亩，培育红三季苗木10余万株。公司现有管理人员25人，聘请当地农民工100余人。通过合作社的形式，带动农户500户，全年季节性使用当地农民工达10000余人。特色龙头企业、示范基地的发展，既大大提高了土地、山地综合效益，增加了山区农民收入，进一步缓解社会就业压力，又延续了绿色生态产业，使林业效益和林农收入都上了一个新台阶。

指导合作社社员制作竹筒酒

古杉见证文公情

吴精通

文公山有一处南宋朱熹栽植的"杉树群",据中国林业专家考证,这是中国历史最早、保留最为完好的人工林,是婺源生态文明的鲜活样本。

朱熹,字元晦,又字仲晦,号晦庵,晚称晦翁,谥"文",誉称"文公",婺源人。朱文公是中国古代著名的理学家、思想家、哲学家、教育家,理学之集大成者,后世尊称其为朱子。朱文公一生以重兴孔孟之道为己任,尊崇孝道,倡导"慎终追远",自己更是为人师表,对朱氏先祖和故乡婺源怀有崇敬之情。他一生曾两次回婺源故里省亲,对婺源生态文明的发展产生深远影响。

南宋淳熙三年(1176)三月中旬,时隔27年,朱熹在友人蔡季通(福建建阳人)

朱熹手植古杉

的陪同下再归婺源故里，省亲扫墓，受到婺源士绅的热情欢迎。儒士汪清卿久慕朱熹大名，力邀其下榻他家。朱熹重归故里，受到族人、朋友、门人弟子的礼遇和招待。

朱熹在族人陪同下祭扫了祖墓，在婺源西南的"九老芙蓉尖"祭扫朱氏四世祖朱维甫妻程氏墓时，见四周空旷，树木稀疏，告诫族人要植树培基、蓄水固土、改善环境，并亲自在墓四周栽种了24棵杉木。此后，他有感而发，吟诵《归新安祭墓文》："一去乡井，二十七年。乔木兴怀，实劳梦想。兹焉展扫，悲悼增深。所愿宗盟，共加严护。神灵安止，余庆下流。凡在云仍，毕沾兹荫。酒肴之奠，惟告其衷。精爽如存，尚祈鉴飨。"

朱熹应汪清卿之邀，讲学于汪氏之敬斋。许多子弟慕名而来，汪氏敬斋一时门庭若市。"乡人子弟日执经请问，随其咨禀，诲诱不倦。"朱

文公山禁碑

熹在讲学中告诫学子："读书要循序渐进，熟读精思，虚心涵泳，切己体察，着紧用力，居敬持志。"并耐心解答学子的提问，诲人不倦。为感谢主人盛情之邀，朱熹为汪氏敬斋作《敬斋箴》，并为书斋题写了"爱日"匾额。

当时，县学的学宫讲堂之上设有藏书阁，起初名为藏书阁，却并无藏书。前县令林虑在察看县学后，发现藏书阁内空空如也，有名无实，于是四处购书，为藏书阁添置了1400余卷书籍。这些藏书，使得县学的藏书阁名副其实，县学学子诵读的风气更浓。时任县令张汉感于林虑的功绩，请朱熹为县学的藏书阁撰文，以

示后人。朱熹听了藏书阁的来历后，也深受感动，精选了数十卷书赠送县学，并写了六百余字《徽州婺源县学藏书阁记》，记述了林虑的功绩，以诏后学。他还勉励学子知书善学，尽心致力，善其身，齐其家，而及于乡，达之天下，成为有用之才。

朱熹情系桑梓，婺源人也以他为荣，视为骄傲。朱熹过世后，为感怀朱熹的教诲和善举，让故里敬仰、祭拜一代宗师，请于朝，以孔子、孟子故宅立庙为例，在朱子故址兴建了"文公庙"；并将朱子手植杉树的"九老芙蓉尖"易名为"文公山"，以寄托故里对他的追思。婺源县官府为保护朱文公的祖墓和手植杉树，在岭上建"积庆亭"，在亭边立"枯枝败叶，不得取动"禁碑，并派员巡护；蚺城朱氏宗族也派族人迁居文公山下，世代守护祖墓和山林，以告慰文公"所愿宗盟，共加严护"的心愿。

经过历代的不懈保护，如今文公山茂林修竹，郁郁葱葱，藤蔓缠绕，密不透光，树下腐叶厚可盈尺，俨然一番原始森林的景象。当年朱熹手植的稚杉已长成参天大树，现今尚存16棵，其中最高的有38.7米，最粗的胸径有1.1米，成为中国仅存的南宋人工杉树群。

朱熹在文公山上植树绝不是偶然的，这与他倡导尊重自然、爱护万物的生态文明思想有关。朱熹认为世间万事万物，包括自然界和人类，都是充满生命力的有机整体。所有生命出自一源，生于同根，就像是同一个大家庭的不同成员，人们应该尊重所有生命，爱护天地万物。朱熹赞同张载"民吾同胞，物吾与也"思想，主张人类与自然界是和谐统一、共融共生的有机整体，作为社会生活中的道德主体的人类对自然和谐同样具有道德责任和义务。

南宋绍熙五年（1194）五月，朱熹担任荆湖南路安抚使兼知潭州时，在巡访中发现南岳衡山自然环境遭到人为破坏，立即采取措施予以整治。朱熹采取法治与德治并行，综合治理。亲自制订《约束榜》，其中一条明令禁止民众随意砍伐，盲目开垦，破坏山林，同时号令寺院开展植树绿化活动。在朱熹的大力整治下，衡山的自然生态得以修复。倘若当年未采取措施加以保护，任人砍伐树木、挖掘山石、开垦种禾，南岳衡山就会失去整体美，也成不了如今全国重点风景名胜区。

朱熹还特别注重人居环境的和谐，他认为天然的自然环境不可能完全合乎人居理想的状态，必须采用避让、改造、美化等方式加以人工改造，达到人与自然和谐相处的最高境界。在朱熹的教化下，婺源百姓非常重视村落人居环境的改善。村庄水口是房屋与村野的结合部，也是村落的大门，是人们最为看重与营造的节点。这里往往古树林立，溪水潺潺，或建文笔石塔，或建亭榭桥梁，使其成为村落风景最美的地方。为了优化村居环境，使村落生机旺盛，婺源人形成了植树绿化的传统，保护珍贵林木、绿化村落环境、改善村庄气候，使人与自然和谐相处。

如今的婺源因生态环境优美和文化底蕴深厚，被誉为"中国最美乡村"，这要归功于婺源先辈对生态环境的百般呵护，归功于扎根百姓心中的生态文明理念。文公山上高耸入云的古杉群是朱文公留在婺源大地上的生态文明丰碑，彰显着朱子生态文明思想对婺源大地的深刻影响，也见证了婺源百姓对朱子生态文明思想的尊崇与践行。

金岗岭——冠盖如云红豆杉

汪森艳

一

从沱川篁村溯溪而上，途经两座石拱桥，远远望去，山岗上有一片茂密的森林，依托着山体，盘成一条卧龙。

冠盖如云的红豆杉

越走近，林子的轮廓越清晰，里面生长着樟树、香枫、红楠、女贞等珍贵树种，画龙点睛的则是村口20余棵红豆杉。四季常青的红豆杉，在深秋以后结满了果子，这一抹红可远观、可近品，比红枫更可爱、更诱人。

在一排红豆杉的背后，是被3米多高石墙围住的金岗岭村。原居石墙如今只剩下断壁残垣，依稀还能认出3扇石门。这种城堡式的布局在婺源绝无仅有，是一座有少数民族风格的神秘山寨。金岗岭村以前叫金源村，原住民和汉武帝时匈奴族大臣金日磾后裔有关联。传说金姓在五代十国时期，为躲避战乱，南迁至这个山岗上，并筑起坚固的石墙。金家在沱川衰败后，汪姓才迁入繁衍至今。

山民们一代又一代保护着红豆杉，就像树的年轮一圈又一圈扩散。红豆杉在村口屹立了千年，遮挡住了山岗上的大风，见证了村庄的变迁。

中华人民共和国成立后，人口增长较快，建房需求激增，人民公社在金岗岭村办起了砖瓦窑。随着"破四旧"的浪潮，村子周围的一棵棵大树，被砍下用来烧窑。金岗岭的村民顶住压力，不辞劳苦，宁愿到深山老林去拾柴来烧窑，才保住了今天村口核心区的名木古树。或许，正是婺源人对古树的敬畏和尊崇，对生态环境的朴素情感和认同，今天才能在全县乡村见到这么多风景林，才能引来这么多珍稀鸟类栖息繁衍。

二

改革开放和市场经济的春风吹进金岗岭，让这偏僻闭塞的世外桃源猝不及防。大部分年轻人外出务工，媳妇娶不进来，女儿又嫁了出去，导致"光棍六七个，低保八九家"，整个村子暮气沉沉，看不到希望。

所幸在1994年，红豆杉被国家定为一级珍稀濒危保护植物。2000年，县政府对金岗岭的红豆杉全部挂牌保护，也是在这一年村庄通了公路。通过新闻的陆续报道，世人揭开了金岗岭村的神秘面纱，这个小小的村庄竟然有这么多"国宝"，其中还有上饶市"树王"。跨过金岗岭古道，山的那边开发出了卧龙谷景区，游客接踵而至，景区火爆异常。先吃上旅游饭的村民，让金岗岭人看到了希望。

红豆杉的芬芳，逐渐吸引乡贤落叶归根，有经商的成功人士，有退休老干部，有非遗传承人，也有慕名而来的客商。他们的选择，为村庄发展带来了资本，带来了生机，也带来了信心，而信心比黄金还重要。他们利用新农村建设的机会，包装策划了一批项目，引导全村人无偿投资近100万元，新建停车场、公共卫生间、旅游步道，修复石板古道，改网改电，村庄的基础设施日渐完善。更重要的是，在全面拆除了搭建在红豆杉群里的旱厕、牛栏和鸡舍，拆除了一批空心房、废弃房之后，村庄的面貌也焕然一新了。

于是，"国家森林步道""最美森林民宿""省级森林乡村""十大避暑胜地"，各种荣誉接踵而至。这些荣誉虽颁给了金岗岭村，但实际上应归功于红豆杉群。

三

红豆杉被誉为植物中的"大熊猫"，在地球上已有250万年的历史。从红豆杉中提取的紫杉醇，被广泛应用于多种癌症的临床治疗。红豆杉是42个国家共同的"国宝"，也是世界公认的天然珍稀抗癌植物。

经过整治和打造后的金岗岭，清风徐徐、和谐宜居，兼具养生和避暑功能，还不收门票，吸引了大量写生的学生和自驾的游客。

在能人带领下，依托生态环境带来的人气，越来越多的村民勇闯市场，吃上了"生态饭""旅游饭"。村子成立了农民专业合作社，人人踊跃入股，绿茶、蜂蜜、红豆、冷水塘鱼、干笋成为金岗岭的著名特产，畅销外地。

把养蜂当作兴趣爱好30年的农民汪国珍，赶上了好时代。他家的蜂蜜从卖不出去到供不应求，年产数百斤，净收数万元。这在金岗岭并非个例。婺源绿茶实现了种植、采摘、加工、销售一条龙，全村在县外经营茶叶专卖店的有5户，全村户均每年茶业收入达6000元。冷水鱼塘，户均超过一口，每年每户产生效益近2000元。红豆山庄、雨林山居成为全国最美森林民宿，深受游客欢迎。

前人栽树，后人乘凉。冬日暖阳下，人们在树底捡苦槠做豆腐，捡红豆泡酒，收获着生态带来的红利。冠盖如云的红豆杉群能遮风挡雨，绿水青山成了金岗岭百姓的幸福靠山。

四

一夜成名后，野生红豆果的售价超过每斤100元，有些人家采摘红豆月收入可过万元。受利益驱使，个别村民竭泽而渔，他们爬树采摘红豆，不仅危险，而且攀折树枝，给古树造成了不可逆转的损伤。

难能可贵的是富而不忘本。为了保护红豆杉，村民集体商议，拟定和发布公告，禁止上树采摘红豆，让古树休养生息。于是，红杉树之间松鼠跳跃、鸟儿成群，它们将红豆杉的种子播洒在这片土地上。人们也开始学习嫁接和育种，种植了一批小红豆杉，到如今也结出了红豆果，让游客能体验到生态采摘的乐趣，感悟"红豆生南国，此物最相思"的意境。

不仅如此，水口林里，竹子以旺盛的生命力，冲开古树的冠盖直抵云霄，挤占了大片阳光。为了保持生态平衡，让古树的生长有足够空间，村民们经过商议，砍去了野蛮生长的竹子。

金岗岭村的水资源比较少，在农村饮水工程项目营建中，村里开风气之先，建了消防栓，给家家户户安装了水表，倡导"近山不可枉烧柴，近河不可枉用水"，促成村民节约资源、保护生态的良好习惯。

随着未来德上（德兴—上饶）高速的建成通车，沱川将设出口，金岗岭也将迎来更大的发展机遇。金岗岭的人们像红豆杉一样，捧着一颗红心，去迎接乡村振兴的美好明天。

生态林，稳住婺源生态本底

祝青松

生态文化的传承发展，离不开人们对森林资源的保护。为了传承和保护婺源千年生态本底的绿色财富，通过不断探索实践，婺源为县域内天然林的管护，提供了成功样板。

生态林，稳住了婺源生态本底

生态公益林，是指生态区位极为重要，或生态状况极为脆弱，对国土生态安全、生物多样性保护和经济社会可持续发展具有重要作用的重点防护林和特种用途林，包括：水源涵养林、水土保持林、防风固沙林和护路林，以及自然保护区的森林和国防林等。生态公益林的主要经营目的是提供森林生态和社会服务产品，包括保护和改善人类生存环境，维持生态平衡，保存物种资源，进行科学实验，发展森林旅游，构建国土保安等。

生态公益林包括国家公益林和地方公益林。2016年以来实施的中央财政天保工程区外"扩面提标"的天然商品林停伐保护补助项目，更是国家重大生态保护工程。

多年来，婺源实行天然林全面保护制度，全面落实天然林保护责任，建立天然林休养生息制度，禁止公益林和天然林商业性采伐，严格控制公益林和天然林地占用，促进了公益林和天然林保护工作健康稳步推进，为建设富裕美丽幸福现代化江西和婺源"发展全域旅游，建设最美乡村"提供良好生态保障。

汪口村向山生态林

贯彻、落实好国家政策

一是贯彻好国家对天然林更高级别的保护政策。婺源县在对全县所有天然林实行保护的基础上，依据国土空间规划划定的生态保护红线以及生态区位重要性、自然恢复能力、生态脆弱性、物种珍稀性、群落完整性等指标，合理确定本县天然林保护重点区域和一般区域，实行分区施策。建立天然林保护行政首长负责制和目标责任考核制。合理布局建设天然林管护站点，加强天然林管护网络、灾害预警体系、护林员队伍和共管机制的建设。

二是落实好国家对天然林最严格的管制措施。天然林保护制度确立的重要措施就是全面停止商业性的采伐，让森林得以休养生息。对于纳入保护重点区域的天然林，除森林防火、有害生物防治和其他自然灾害防控等维护天然林生态系统的必要措施外，禁止其他一切生产经营活动。开展抚育作业的，必须编制作业设计。同时，对林地的占用要实行最严格的审批，禁止占用除国防建设、重大工程等特殊需要外的重点区域的天然林，限制建设项目使用一般区域的天然林地。

三是努力实现国家对天然林全面修复的目标。根据全省天然林保护修复规划，编制县级天然林保护修复实施方案。包括编制天然林修复作业设计，开展修复质量评价，规范天然林保护修复档案管理；建立天然林数据库和天然林资源管理信息系统。同时，要强化天然中幼林抚育，促进形成地带性顶级群落；鼓励在废弃的矿山、荒山荒地上逐步恢复天然植被，同时加强监测评估并且向社会进行公布。

四是落实好国家对天然林更严密的监管举措。加大天然林保护年度核查力度，将天然林保护修复成效列入乡镇林长制考核内容和乡镇领导干部自然资源资产离任（任中）审计事项，作为乡镇党委和政府及领导干部综合评价的重要参考。建立天然林资源损害责任终身追究制。

五是建立健全专业技术过硬的天然林保护队伍。婺源县建立了健全全天然林管护网络，从而提升了天然林管护能力。强化天然林保护修复机构队伍建设，切实解决好天然林保护修复过程中出现的重大问题，确保完成天然林保护修复目标任务。

营造浓厚的天然林保护氛围

婺源县充分利用各种宣传媒体，提高全民保护天然林意识。加强天然林保护修复科普宣传教育，建立天然林保护修复科普教育基地及宣传碑牌。鼓励和引导群众通过订立乡规民约、开展公益活动等方式，培育爱林护林的生态道德和行为准则。按规定对在天然林保护修复事业中做出显著成绩的单位和个人给予表扬奖励。

森林覆盖面积一直是影响生态环境的重要因素。作为江西省重点林业县，婺源县国土面积444.48万亩，其中林地面积377.6万亩，全县森林覆盖率达82.64%，活立木蓄积1837.7万立方米。其中，森林蓄积1808万立方米，毛竹蓄积2894万株，挂牌保护的名木古树13221株。

四周被青山环绕的婺源在改革开放初期，曾因一些人受经济利益的驱使而出现乱砍滥伐、胡乱开发的乱象。幸而，婺源县委、县政府及时颁布了一系列森林保护政策，使砍伐乱象得到了有效遏制。婺源对于生态林的保护从未停止，通过这些年生态公益林的封育和有效管护，婺源一碧千里的森林，使生态本底更加厚实。

言坑村后龙山的古松林

在新形势下如何管理好全县大面积森林，是摆在决策者面前的一道必答题。婺源县通过不断探索，为县域天然林保护提供了成功样板：2016年底，首先成立了由县长任组长的天然林保护工作领导小组，具体负责天然林保护工作的组织、管理和监督；接着制定出台了《婺源县天然林保护补助项目建设工作实施方案》，对天然林保护范围、管护机制、措施及资金管理等方面做了相关规定；继而，实行了林长制"一长两员"管护体系，网格化划分护林员管护责任区，实现了森林资源管护全覆盖。

习近平总书记强调，建设生态文明，关系人民福祉，关乎民族未来。他提出的"绿水青山就是金山银山"的重要论述，已成为全县干部群众的座右铭。

第四章

婺源古村落

中国最美乡村

胡兆保

粉墙黛瓦的婺源村居

芳郊雨初霁，桑者意闲闲。
古树高低屋，斜阳远近山。
林梢烟似带，村外水如环。
薄暮东皋望，归来自闭关。

这首由清代科学家、诗人齐彦槐吟咏婺源老家的《翀麓村居》，仅凭短短数语，便诗意盎然，一幅村落美景活脱脱跃然纸上。

婺源村落依山傍水，山清水秀，风景宜人。婺源先人相信"树养人丁水养财"，山为屏障，山如命脉；水有灵气，水秀人旺。婺源村落的始迁祖，对定居地的择基选址十分重视，往往"依堪舆家之言，择最吉星缠之下，而筑之，谓可永世和顺也"（朱熹语）。婺源俞氏十六世祖俞世崇从婺源城南迁居西谷建村时，与风水先生辗转几个山头，几试罗盘，又登高远眺，见西谷山峦逶迤，前方左为金星，右为火星，木星照正——远处是土星，且六水朝西、三峰拱北，中间恰有一片气势磅礴且平坦的山谷。他和风水先生皆连声叫好，称"山取其罗围，水取其回曲，基取其磅礴，址取其荡平"，如果在此建村，后人必将富庶无疆，这才举家迁徙。婺源各姓氏的谱牒，几乎都有其始祖卜居择地而后家族兴旺的记载。

漫步婺源乡村，随处可见水口茂林修竹、浓荫蔽天的秀丽景色。婺源村村都有水口，所谓水口就是距村约1千米处形如"关锁"的地方，即村落之门户，出入之咽喉。古时婺源十分重视水口的打造，往往在村头的溪流上架桥，与树木、水埠、茶亭、庙宇、文笔、文昌阁等建筑相映组合，既藏风聚气，扼住关口，增加了锁钥气势，又美化了自然环境，使村落变得更加优雅怡人。水口一般都有大片树木，俗称水口林。灵岩洞国家森林自然保护区内的石城村，水口林枝叶茂密，青翠挺秀；村边近百株枫香树郁郁葱葱，几乎覆盖了整个小山村；17株盛开在早春的玉兰古树高耸挺拔，玉兰花洁白如玉，清香扑鼻。深秋季节，这里枫林尽染，树树丹枫如火，层层红叶簇拥，又是一派色彩斑斓的瑰丽风姿。浙源乡察关村水口屹立着28株古树，与拱秀桥、文昌阁等古建筑组成一片古朴秀丽的园林景观。2007年，察关水口、虹关水口、思溪水口被评为"中国经典村落景观"。

聚族而居，是婺源古村落最突出的特征。"一村一姓"现象直到中华人民共和国成立后仍相当普遍，而且世代相沿。如江湾为萧江江姓世居，晓起为济阳江江姓世居，汪口、西冲为俞姓世居，沱川理坑以余姓世居。姓各有祠，分派还有支祠。旧时各姓氏的祠堂，往往是村落中标志性的公共建筑，同时也是其村落宗族文化、经济盛衰与否的反映。婺源历来重视祠堂的修建与保护，旧时祠堂遍布全县各个村落，有的村子先后建有祠堂10多座，甚至20多座。镇头镇游山村董氏宗祠，明、清至民国时期曾先后建造统宗祠、支祠与家祠23座。全县现今保存完好的祠堂尚有68座，其中江湾镇汪口俞氏宗祠、大鄣山乡黄村经义堂、沱川乡篁村余庆堂、中云镇豸峰村成义堂、镇头镇阳春村方氏宗祠、清华镇洪村光裕堂、思口镇西村村敦伦堂等宗祠，被列为全国重点文物保护单位。

婺源传统村镇聚落景观丰富，风格各异；民居数量多，分布广，民俗文化多姿多彩。古县治清华环街上下四坊、九井、十三巷，由东到西分上市、下市，街两侧店铺林立；店面多为两开间，铺板门面，曲尺形柜台，前店后坊。江湾村旧时设有"东和""南关""西安""北钥"四门，老街长约1500米，旧时兼作婺源至徽州府的过境大路，人来人往，商旅辐辏。延村、思溪的清代商宅古朴典雅，构造考究，木雕繁复精美，表现出乡土村落少见的富户气派。而沱川理坑的明代官宅则雍容大方，讲究内外布局的正统规范化，与商人宅第的审美情趣也多不同。这些各具风采的古建筑群，形成了婺源特有的村落形态与景观，为婺源美丽乡村增添了光彩。

婺源自古就有保护植被、维护风水环境的习俗，把村头水口树木视作村庄命脉严加保护，对肆意弄斤操斧砍伐林木者都有严厉的惩罚措施。正是得益于历代严格的封山禁律，才造就了婺源今天的宜居环境。这份宝贵的绿色生态遗产，使婺源人引以为豪，但更多的是珍惜，保护生态环境的理念在婺源人心中代代相传、生生不息。

婺源各村各姓氏还将保护村庄生态环境内容写入族规谱训。清华胡氏三派500年来，先后14次纂修族谱，每一次都有保护风水林木的条规。《清华胡仁德堂续修世谱》中的"族长协立条规十则"规定，村庄周围溪潭林洲及各处坟山概行加禁，违者责罚惩治。汪口"奉宪示禁"碑告乡民，违反乡规民约砍伐山林，不管是谁，定严厉惩处，并报官"以凭拿究"。

婺源的不少村落不仅保留了传统建筑、街巷的空间布局及时代印记，保存了其赖以存续的文化内涵，还保护了历史街巷内的历史建筑、院落等各个构成环境因素的整体历史风貌，在保护的同时充分合理利用历史文化资源。西冲等传统村落还进行了统一规划、整体整治，沿历史街巷不再建造新房，已建新房将在专家指导下区别不同情况进行外观改造、拆除或搬迁，使其与周围历史建筑相协调。

婺源村落文化与生态保护工作誉声远播，至今已被评为"中国历史文化名村"的村落有理坑、汪口、延村、虹关、西冲；已被评为"中国民俗文化村"的村落有理坑、汪口、砚山、豸峰、思溪、考水、庆源、晓起、李坑、郭山、洪村、游山。同时，理坑还被评为"中国景观村落"。

婺源古县治——清华

胡兆保

清华，位于婺源县境北部，"地控婺北咽喉，扼皖赣交通要冲"，是婺北最繁华的商贸物流集散中心，更是婺源最早的县治所在地。

唐玄宗开元二十八年（740），朝廷为了加强统治，析休宁之回玉乡、乐平之怀金乡，于农历正月初八日正式建立婺源县，县治设清华。直到唐昭宗天复元年（901），县衙迁弦高镇蚺城（今县城）为止，清华皆为婺源县治。在这160多年中，清华一直是婺源政治、经济、文化的中心。当时称清化镇，南唐保大元年（943）始改为清华镇。唐宋时期，这里建有牌坊、宝塔、寺庙、文笔、书院等建筑。

清华古苦槠树

当年古县衙前的苦槠树，历经1200多年至今仍枝繁叶茂。它既是清华古县治所在地活着的记忆，也是清华人珍爱林木保护自然生态的历史见证。

清华，以清溪萦绕、华照增辉而得名。南有五老奇峰毓秀，北有清溪外抱，形若环壁。清华下市水埠码头，是婺源北部的船运终点，"吴楚舟楫俱集于此"，商贾如云。玉屏后山林木苍翠，瑞霭蒸腾，"气钟雄势控群山，黛色苍苍耸汉间"。

胡氏宗谱里的《清华古县图》，形象地绘制了古时清华秀美繁华的"八景"，荣岭屯云、藻潭浸月、花坞春游、寨山耸翠、东园曙色、南市人烟、双河晚钓、如意晨钟，秀美壮观的景象跃然纸上。胡氏始迁祖胡学对儿时清华的记忆念念不忘，他父亲曾说过："此地山水秀丽，居住在此后世子孙一定繁盛。"这句话竟影响了他致仕后的抉择。胡学官至宣歙节度使、银青光禄大夫、上柱国、散骑常侍，退休后举家迁居清华，成为清华常侍胡氏始祖。胡学的《园亭对客》《卜居》等田园诗，叙述了他晚年的村居生活，也是对清华美好风光最早的咏赞。

最早对清华村庄格局进行描述并记载于文字的，则是宋代的国史馆编校胡升（清华人）了。南宋咸淳己巳年（1269），胡升首撰《星源图志》时，第一次记叙了清华街四坊、九井、十三巷的布局特征。清华村中有一条长长的街道，平整的青石板蜿蜒其间，两旁店铺与民房鳞次栉比，小巷依次与大街连接，错落有序。"四坊"，是指由西至东依次坐落的长寿坊、桂枝坊、安仁坊和长寿坊，每坊都有一个两柱式的坊门，形同牌楼；"九井"，是指唐代开凿的九口水井，名为犴子头井、狮子尾井、冷彻骨井、有惊忧井、泉不竭井、后街头井、灵芝阁井、岭头求井、依山下井；"十三巷"是程家巷、张家巷、撩车巷、方头巷、安乐巷、大夫巷、蔡家巷、戴家巷、曹家巷、姚家巷、小公巷、傅家巷、街头巷。如今，清华村落的基本格局未变，大多古巷犹存，巷子也多沿用老巷名，如大夫巷、方头巷等。古井也依然存在，其中犴子头井保存完好，并能为村民提供日常饮用水。犴子头井与地面平行，四边有排水沟，井口直径约0.4米，井深约4米，因井口罩着一对石井圈，村民习惯称此井为"双井圈"。这些古井，泉水汨汨，取之不尽，用之不竭，是古镇千年历史的见证。

清华街直贯村头村尾，两侧连接古井小巷，街宽约3米，长约1100米，呈蜈蚣形。老街由东到西分东半街（下市）和西半街（上市），两侧多为店铺，店面都是连排的木板门、曲尺形木柜台。旧时店铺一家挨着一家，客商云集，市场繁荣。

清华自古就有保护植被、维护风水环境的习俗。清华胡氏三派500年来，先后14次纂修族谱，每一次都有保护风水林木的族规谱训。

把村头水口树木视作村庄命脉严加保护，对肆意弄斤操斧砍伐林木者，都有严厉的惩罚措施。《清华胡仁德堂续修世谱》中的"族长协立条规十则"规定：

> 溪潭林洲及各处坟山概行加禁，渔则先兑银后发鱼依次出卖，无得赊押，违责令家长公罚其山及洲。竹木巡行捉获，给赏手一两，其犯者除偿赏手外，家长仍送入祠，以违禁惊祖理论，家法责惩。不愿责者罚银加禁安奠，违并家长呈治。

清嘉庆年间，清华中市村民为了绿化环境共沾荫泽，将对面河土名张公台、木鱼山、戴家山、汪家垄等处山场全部扦种了杉树、松树及其他树木。村民们认为这是保护龙脉保护村庄的举动，如果这片树林能好好培育，不久将是一片郁郁葱葱的绿色屏障，但又担心日后有人闯入林间乱砍滥伐，于是聚众商议，决定该片山场全部封禁，村民等一律不准入山危害和盗伐。为使封山的决定更有权威性，他们还通过县衙正堂发布禁令，强调如有违反禁令者，将由官府严拿究治决不宽容，并勒石立碑公布永存。

古县治清华的生态保护碑

这块题为"奉宪示禁"的石碑，高1.15米，宽0.57米，厚0.12米，现由清华老街胡平飞医生收藏。碑文多能辨认，现抄录如下，也为清华古人保护自然生态提供了看得见的证据（其中，□为无法辨识的字）。

特授婺源县正堂加十级记录十次孙

为公吁示□□荫保宅事。据北乡清华监生戴生祥、戴森，生员戴光、耆民汪兴才、胡兆信、戴城远、汪天柱、胡高寿、戴观虎，约胡经、戴怀义抱呈戴丙文具词称：

生等住居清华中市，人怀古处，俗尚敦庞，对河土名张公台，木鱼山、戴家山、汪家垄等处，山场为合，当在宅前峙观瞻，或时山土倾泻，则附近有四□之□□人□□心□□兴虑，并护就罗经方位、坐向、宜忌，观察形势，备悉坎山委□南向，红土封射，其象为北无荫庇。因集合当衿者、知事人等公同□议，量力捐输。该处山场不拘己业杂业，概行归众，扦种衫松杂木，护龙保宅。此经立议，合屋齐堂养培植，殷年来共沾荫泽，同沐平安，林麓青葱，成材在即。深虑日久议驰，难免强梗觊觎。复行集议，备案陈情公吁，赏示永垂，惩戒勿剪勿伐，遗爱长存；无诈无虞，平康永友等情到案。据此除批示外，合行示禁，为此示仰村庄居民人等知悉。自示之后，毋许进山窃害，如有仍蹈前辙，许衿者约保赴县指名具禀，以凭严拿究治，决不姑宽。各宜禀遵毋违，特示。

嘉庆二十五年十二月十八日示

右仰知悉

婺东重镇——江湾

胡兆保

江湾

　　一条源自安徽休宁的溪水，自东而下，蜿蜒至攸山下的梨园河时，却环绕着一个古村落潇潇洒洒舞出了"S"形，再飘飘然往西流去。这个处在"S"形怀抱中的古村落，便是徽饶古道上的婺东重镇——江湾。

　　江湾村坐北朝南，北依后龙山，前临梨园河。河南岸是梨园，传说这里是萧江始迁云湾时的居住地。走进江湾，从后龙山的梨园河边，可以清晰地看出不同时代特征的不同历史区域。后龙山脚下至南关亭，是江湾的原始住宅区，称为"村里"；南关亭至老街南侧的外边溪之间，是明清以后渐渐形成的住宅区，称为"街上"；而外边溪至梨园河之间的复兴路两侧，则是近些年建设的新区。新牌楼下的"永思街"，是江湾开发旅游景区时兴建。

后龙山便是整个江湾村一条东西走向的绿色屏障。"列嶂排云鬼斧修，松篁簇簇点山陬；雨馀斜日轻风过，滴滴岚光翠欲流。"这首《北山岚翠》吟诵的正是后龙山的景色。江湾人把后龙山视作龙脉山，自古就是封山禁地。如今，这里依然层林叠翠，枫香、樟木、楮树、木荷、松树等古木参天挺立，是婺源非常知名的风景山。"鳞甲苍茫夕照中，露牙施爪舞回风；奔腾几度惊残梦，错听钱塘浪拍空。"这首《西岭松涛》，描绘的则是后龙山绵延至西岭松涛奔腾的雄浑景象。

江湾村原是一个四周建有防御墙的村寨，东南西北四方各有一个寨门，即东和、西安、南关、北钥4门。目前尚存东和门与南关亭，南关亭飞檐翘角，粉墙黛瓦，马头墙，跨街门，造型别致。江湾的村落水系也颇奇特，竟呈"江"字形——一竖、两横、三点形状。"一竖"是指发源于村东坞头源的一条小溪，它由北向南从江湾村东的一片农田中穿过，流至新坑桥亭的下方筑一小水坝拦截溪水，在水坝上方开挖一水渠，把水引入村内。"两横"是指从新坑桥沿水渠南流的溪水，在接近梨园河入口的上方，又遇一道水坝，迫使溪水向西流去，流经南关亭，注入荷花池，形成"一横"；与这条由东向西平行的另一水圳形成另一"横"，即外边溪，溪水从江湾老街南侧的"八支碓巷"流过，西出江湾水口注入梨园河。"三池"指的是南关亭左右两侧的两个荷花池和西水口的荷花池，三个池与"横"水系相通。江湾的"江"字水系，与江湾秀美的自然生态景观珠联璧合。

江湾路边袒露的水沟，当地人称为"湖圳"，是古时人工开凿的"江"字形水系的第一横。湖圳终年有水，既能满足村民浣洗衣物的生活需要，对预防火灾等消防安全措施也大有帮助。江湾人津津乐道的还有"七星井"，传说村中有古井7口，按北斗星形状分布。7口井分别是：后龙山的龙井、滕家巷的滕家井、添灯巷的天井、三步金阶的三角井、南关亭前的南关井、老街的剑泉井、萧江宗祠前的祠堂井。这些古井现在多已疏浚保护。后龙山的龙井形状奇特，井口呈半圆形，畚箕形状，口宽2.6米，纵轴长3.4米，半圆井圈全用鹅卵石砌筑。祠堂井、南关井现已重新修复。

　　江湾历代名人辈出，人文兴盛，古人归功于江湾的龙脉风水好，并引出一段人与自然的传奇故事。传说南唐风水大师何令通因得罪皇上，被贬谪到休宁县，没多久又辞官来到婺源灵山隐居。当时居住在婺源游坑的江文寀（萧江六世祖）常去拜访他，还为他在灵山上修了一座碧云寺。为感谢江文寀的厚爱，何令通特为萧江氏选了云湾这块风水宝地作为回报。但后龙山与来龙的朱笔尖之间有个大豁口，要填补上才能贯通龙脉。后来，江文寀次子江敌迁居云湾，便按照何令通的指点，率领族人用了数年时间，填石堆土，筑岭起梁，在灵山山脉延伸至芙蓉岭的断裂处建了一座"仙人桥"，使龙脉延伸至后龙山，同时也堵住灵山山谷的北风口。"仙人桥"处是江湾村唯一的一道北风口，风口被屏蔽，江湾村自此风调雨顺，后龙山古木参天、钟灵毓秀，成了江湾人引以为傲的龙脉山。

江湾后龙山

　　古时盛行的风水观念，使江湾村民对后龙山敬若神灵，刀斧不得入山，不准任何人动一草一木。江湾人为了严令封禁后龙山，历史上曾出现罚不祖亲的典型事件。传说萧江十八世祖江绍武曾在徽州府任职，告老还乡后，负责治理江湾社会治安，铁面无私。他的第四个儿子好吃懒做，偷鸡摸狗，做尽坏事，族人非常痛恨他。有一次，他在后龙山私自砍伐林木时，被护林人捉住。江绍武没料想自己的儿子胆敢如此妄为，叫人把他的儿子绑起来游街示众，然后以非常的措施严加处罚。江绍武不徇私、不护短的铁腕惩处，震慑四方，确实起到了杀一儆百的作用。此后数百年间，再也不曾出现上后龙山砍柴盗伐林木的违禁行为。中华人民共和国成立后，后龙山继续封禁，但采取相对温和的处罚措施。如果被护林人发现有人去后龙山砍柴，要罚砍柴人杀一头猪，分发各户，向全村人谢罪。这种"杀猪封山"的惩罚措施，对一个经济收入不高的农家而言，也算是一种很严厉的惩罚了。

2012年6月，江湾在创建国家AAAAA级旅游景区时，又投资30多万元，修建了后龙山木栈道，修建了"龙井"北钥亭，对后龙山生态景观进行提升改造，后龙山的自然资源也得到了更好的保护。

婺源古时有谚云："赤膊龙脉光水口，儿孙世代往外走。"江湾人对后龙山龙脉生态的认识，不仅仅是简单的对风水的笃信和对封山禁律的敬畏，其实更反映了江湾乃至婺源人崇尚自然、珍爱林木的传统良俗。

溪山拱秀——理坑

吴精通

理坑位于沱川乡境内，是理坑村委会驻地。村落布局集中紧凑，地势西北高东南低，西北环青山，东南临溪流，空间轮廓呈莲花形，是婺源的仕宦名村，先后被列为"中国历史文化名村""中国传统村落"。

理坑建于宋代，是余氏聚居村落。沱川余氏始迁祖余道潜，与朱熹的父亲朱松是北宋徽宗重和元年（1118）同科进士。余道潜于北宋宣和二年（1120）由安徽桐城迁居沱川篁村。随着人口逐渐繁衍，余氏宗族逐步分迁，传至第六世余德忱分迁至邻近的郭村。再传至第十世余景阳，于南宋初期分迁至郭村北部的小坑源头，初名"里坑"。后因村人崇尚"读朱子之书，服朱子之教，秉朱子之礼"，以弘扬朱子理学为根本，文风鼎盛，人才辈出，涌现出余懋学、余懋衡等仕宦贤达，名闻遐迩，被世人赞为"理学渊源"。为激励村人发扬理学传统，遂将村名"里坑"改为"理源"，20世纪60年代，又将"理源"改为"理坑"。

理坑位于大鄣山余脉黼峰南麓，坐落于四边群山环绕的山谷中。村南有一条发源自黼峰、白牛山的小溪蜿蜒而过，村落布局依山面水，背靠黼峰逶迤而来的来龙山，前临潺潺溪流，河对岸就是高湖山脉的面前山，似一道屏障护卫着村庄。在村子西南，来龙山和面前山对峙两岸，共同关锁村落水口。

理坑百姓对水口进行了精心的营造，在村头建有一座石堨，一是抬升流经村落南缘溪流的水位，聚水留财；二是引溪水灌溉村外的大片农田、驱动水碓。在石堨下方约百米外，建有一座水口桥，桥侧还有文笔、文昌阁、水碓等建筑，共同构成理坑的水口景观，护佑村落文风昌盛、人才辈出。

理坑水口桥称"理源桥"，桥面建有亭子，桥亭合一，像一扇屏风遮挡着整个村落，又像是一扇村门，出入村子必须穿亭而过。桥亭为长方形封檐建筑，亭子内侧四边有长条凳，可供村人闲坐纳凉。亭子外表古朴，但门额题字却很不一般。正前左方题"闳开阀阅"，正前右方题"山中邹鲁"，后左方题"理学渊源"，后右方题"笔峰兆汉"。理源桥石拱顶部刻有"溪山拱秀"四个大字，赞叹这方山水孕育出优秀人才。理坑水口景观彰显着村落深厚的文化底蕴。

理坑村民居依山就势，面街临水而建，由村中心向四周辐射扩张开来，呈现出"出水莲花"的村落布局。村口民居沿河而建，飞檐错落，粉墙黛瓦，水中倒影，构成优美的溪弦头水街景观。溪弦头是理坑村的标志性景观，呈现出一幅"小桥流水人家"的优美画卷。小溪上建有两座石桥，上游称"添心桥"，下游称"百子桥"。添心桥造型犹如一锭倒过来的"金元宝"，示意村人富足安康；百子桥形似文武百官上朝时所用的"朝笏"，意指理坑乃仕宦名村；两桥暗寓理坑村富贵双全、村运兴旺。

理坑街巷纵横交错，犹如一座迷宫。主巷宽阔整齐，小巷连通主巷，路面用青石板铺设，街巷路面均设有排水沟渠或暗沟，历经数百年沧桑依旧发挥着排水功能。村落仍保留明清风貌，古建筑有130幢，其中明代建筑24幢、清代建筑106幢。代表性古建筑有明天启年间吏部尚书余懋衡的"天官上卿"、明万历年间工部尚书余懋学的"尚书第"、明崇祯年间广州知府余自怡的"官厅"、清顺治年间司马余维枢的"司马第"、清道光年间茶商余显辉的"诒裕堂"，还有花园式建筑"云溪别墅"、园林式建筑"花厅"。这些古建筑粉墙黛瓦，飞檐戗角，"三雕"工艺精湛，布局科学，冬暖夏凉，形成了颇具特色的明清官邸古建筑群，被誉为"中国明清官邸""民宅最集中的典型古建村落"，是反映古代生态文明理念的瑰宝、古建艺术的博览园。

理坑文风鼎盛，被誉为"书乡"。几百年来，理坑人秉承勤学苦读之风，人才辈出，明清以来出过尚书余懋学、余懋衡，大理寺正卿余启元，司马余维枢，知府余自怡等七品以上官宦36人、进士16人、文人学士92人，留下的著作达333部582卷之多，其中5部78卷被列入四库全书。还有的弃儒从商成为巨贾。这些达官显贵、巨富豪商，或衣锦还乡，或告老隐退，在家乡兴建官第、商宅、民居、祠堂、石桥和其他文化建筑，促进了理坑村落的繁荣兴旺。

理坑水街

理坑村坐落在谷口的坡地上，东北面是大片的良田，养育着村人。理源溪贯穿山谷、奔腾不息，滋润哺育着理坑大地。山谷四周群山耸翠，为理源溪提供不竭的水源。理坑余氏宗族十分重视对村落山水环境的保护，吏部尚书余懋衡手订《劝戒》规则，村人世代遵守。《劝戒》对保护山林河鱼作出了具体细致的规定：

人丽土以生，凡阳宅、阴宅，来龙山及向山、水口山，俱不得任意掘土取石，以致山脉摧残，风气剥落，人鬼不宁。以后有犯，罚所雇工匠，并罚雇工匠者，令修路或桥；或抗拒不服，一并呈治……四山林木，濯濯不及，今尽行付种，依期雇刈，严禁樵砍。将来房屋什器，于何采造？以后共业、各业砍过木山，不取信记钱，一意栽苗，毋抛荒、毋盗砍、毋延烧，犯者呈治。若近坟庇木，律法尤严，如有侵犯，必不姑息……数罟不入洿池，钓而不网。古人取物之中，实寓爱物之意。今后毋得密网竭泽及放药毒鱼，令无遗类，犯者公戒，戒而再犯公罚。

　　理坑农业生产以水稻为主，也是传统茶区和林区。山水环绕、锦峰簇拥、河川如练的自然环境，给理坑村带来了富饶的物质财富，也为理坑营造了一个世外桃源般的生态空间。如今，理坑利用古村落的独特资源发展旅游产业，正焕发着无限生机。

徽墨名村——虹关

毕新丁

打开中国分省历史地图，在安徽徽州与江西饶州地图中，清晰地标明了一条连接饶州与徽州的"徽饶古道"。战国时期，婺源浙岭头是吴、楚两个诸侯国的疆界，这里至今还矗立着一块吴国和楚国的国界碑——"吴楚分源"碑。当时两国以邻为壑，战事不断，但驿道互通。宋代抗金重臣、兵部尚书权邦彦路过此地时，曾写下"巍峨俯吴中，盘结亘楚尾"的名句。

从浙岭头向南顺岭而下，过岭脚村、宋村段，就是"中国历史文化名村""中国传统村落"虹关。虹关之所以能获得这两张国家级文化名片，其最重要的底色，就是乌黑发亮的徽墨！

开基

《鸿溪詹氏宗谱》载，詹氏婺源始迁祖名初，字元载，号黄隐。黄隐公后裔遍布海内外，有百万之众，都尊其为"婺源一世祖"。

虹关开基祖是婺源詹氏黄隐公第二十一世裔孙詹同。《鸿溪詹氏宗谱》载：虹关初名方村段，最早在五代初期由方姓建村。据传，在虹关附近浙岭头茶亭免费施茶而闻名的方婆，就是这里方家的媳妇。北宋宣和二年（1120）歙县农民方腊起义，后被朝廷镇压。因此，歙州人歧视、排挤方氏家族，方村段方姓被迫外迁，方村段遂废。数年后，当时居方村段附近宋村段的詹同卜居于此。为避"方"讳，詹同改村名"方村段"为"鸿溪"。因村前的"鸿溪"，是"浙水"虹关段的专用地名，后又曾有过"鸿水湾"之名，直至今名"虹关"。

虹关村背枕青山，面临清溪，镶嵌在锦峰绣岭、清溪碧河之间的宽阔河谷中。800多年过去了，詹同子孙繁衍瓜瓞，如今，外迁后裔无法统计，仅虹关村詹姓就有近千人，约占虹关总人口的93%。

长人

"长人"名为詹世钗（1842～1893），乳名五九，相传身高达十尺三

虹关长人詹世钗

寸（约合3.19米，比身高2.31米的美国芝加哥巨人桑迪·艾伦高出0.88米），有"中国巨人"之称，是当时虹关人设在上海的"徽州玉映堂墨铺"的造墨工匠。

据澳华博物馆记载，1865年，詹世钗在经商期间巧遇对他感兴趣的英国人，遂被聘请去英国伦敦做表演，随后在欧洲各国、美国和澳大利亚巡回演出。詹世钗在美国表演期间，月薪为500美元。

与詹世钗相依为命的中国妻子早逝后，1871年，他在造访澳大利亚期间于悉尼公理会与来自英国利物浦的凯瑟琳·桑特利结婚。1878年，詹世钗从舞台上退隐后，在英格兰开了一家中国茶馆兼中国古董店。1893年，第二任妻子亦逝，不久，詹世钗卒于英国伯恩茅斯，年仅51岁。

虹关如今还流传着许多"长人"詹世钗轶事，如"长人"读书写字的桌子，是一个2米高的大橱，人坐在高凳上，以橱为桌。又如咸丰十年（1860），太平军一部在皖南与清兵交战，先后路经虹关，村人为避

战乱纷纷躲之，唯"长人"独立于自家堂前，太平军和清兵见如此高大之人，甚奇，均不敢冒犯，悄然离去。

清代宣鼎《夜雨秋灯录》卷四中有虹关《长人》篇：

> 长人者，徽人，造墨为业。每出市上，小儿欢噪走逐之，呼曰"长人来"。一日，西洋人遇之，以为奇，以多金聘之去。

古樟

北方人常在村边种槐树、杨树，婺源人总喜欢在村边植樟树。虹关村口，有棵树龄逾千年的古樟树，高 26.1 米，胸径 3.4 米，冠幅 3 亩许，有"江南第一樟"之誉。

虹关千年古樟

古往今来，有太多赞美这棵古樟的诗词。民国时，虹关人詹佩弦将古人吟咏虹关古樟的诗文，编成《古樟吟集》，由宜昌维新石印书局印行天下。此吟集共46页，体例规范，共收诗文50余首（篇）。一书专咏一树，在全国并不多见。

当今，有许多名家都为虹关古樟亲书题词、作诗、撰文。全国政协委员、上海市人民政府参事、作家赵丽宏就曾为虹关村、虹关古樟亲书"虹关漾古风，悠然传千年"的题词。

曾任新华社驻新德里分社社长兼首席记者，后任新华社《参考消息》报常务副总编的虹关村人詹得雄先生，在1995年第一次回故乡时，为这株千年古樟写过一篇散文《古樟情思》，发表于《瞭望》周刊。

徽墨

虹关地处山高林密的"吴头楚尾"，是一个"山深不偏远、地少士商多"的村落。

历史上，虹关詹氏以制售徽墨声名最著。徽墨是虹关史上最主要的社会经济构成。

婺源制墨始于南唐，宋代以后，沱川、虹关、岭脚等地村民世代经营婺墨，而婺源著名的墨坊都集中在虹关。

光绪年间的《婺源地理教科书》指出："墨销售于二十三行省，所至皆开行起栈，设店铺无数，乡人多食其利。"数量决定高度，质量决定未来。虹关墨以精致贡墨深受宫廷青睐，因朴实无华的平民化实用墨而名扬全国。虹关墨商曾称雄墨业界，占据了中国墨业三分之一的市场份额。

观清代虹关《鸿溪詹氏宗谱》可以发现，明清两代虹关詹氏墨商经营带有浓厚的家族色彩，且历数十代而绵延，堪称地道的徽墨世家。

明中期，虹关墨商已经掘得第一桶金，虹关人逐步成为古徽州墨家队伍中的劲旅。他们将传统技艺手工生产婺墨的松烟、桐油烟、漆烟等生态原料运到北京、上海、武汉、南京、扬州、苏州等地制成墨锭，并在当地开设的墨号（铺）销售。他们集制墨与售墨为一体，自产自销。虹关墨品有的还配以冰片、麝香等中药香料，用其书写、绘画，不黏不涩，不滞不滑，且防腐防蛀，清香四溢，强化了生态效果。

由于家族墨铺分支众多，虹关墨家制墨有一惯例，即在墨的题识中，不但有店主名字，大部分还要加上支属的标记。这种"墨品自负"的题识惯例，强化了责任意识，使虹关墨品保持了良好的品质。虹关不少制墨名家的墨品，还为历代藏墨家所藏。现存北京故宫博物院的77块詹氏墨品中，有48块是虹关詹氏的。今婺源博物馆就藏有由婺源墨商承制，曾被曾国藩、李鸿章、梁启超等人用过的墨品。随着晚清科举制度的废止，以及西方自来水笔的引进，墨水、墨汁的出现，全国的墨业市场逐渐衰落，虹关墨工的经营地点也有所缩小，主要集中于上海、广州等大中城市。

墨业名家

明清两朝，虹关是徽墨的主要产地之一，是著名的"墨乡"。1982年周绍良著清代《名墨谈丛》载："婺源墨铺约有百家，仅虹关詹氏一姓就有80多家，在数量上远远超过歙县、休宁造墨家，在徽墨中是一大派别。"

詹元秀（1627～1703），早在明末，其祖辈即营墨。传至詹元秀时，因其质量标准高，所以其在安徽、浙江、江苏一带做墨业生意，所售墨品从不与人讲价，用现代语言来说就是詹元秀拥有"定价权"。

詹鸣岐（1665～1737），清初制墨家，墨品选烟精良，形制古朴端庄，雕镂浑茂流畅，文士视若珍宝。故宫藏有其"文华上瑞墨"。清嘉庆年间詹鸣岐已享誉东瀛，1812年日本河氏《米庵墨谈》中载有其墨品。

詹成圭（1679～1765），清雍正年间詹成圭侨居苏州，堂号玉映堂。他不仅为国人所知，亦为日本墨家所重视。其墨品以做工华丽、技艺精湛著称，备受仕宦追捧。

詹斯美（1754～1838），其墨肆设于湖北襄阳樊城。故宫藏有詹斯美"漱金家藏""千秋光"墨。除了墨品扬名外，他的"詹斯美笔"似乎更出名。只是由于徽州人研究墨多，研究笔少，因而"詹斯美笔"已被历史湮没。

枕山面水——思溪

吴精通

思溪

　　思溪位于思口镇境内，是思溪村委会驻地。村落布局呈块状分布，地势南高北低，南枕青山，北环流水，空间轮廓似"鱼"形，民居古建筑与自然环境协调统一，是婺源经典的徽派古村落，先后入选"中国传统村落""中国历史文化名村"。

　　思溪建于宋代。南宋庆元五年（1199），俞若圣携家人迁来此处，在泗水北面的山坡建房定居，取名"泗溪"。起初，俞氏数代单传，人丁不旺。南宋景炎二年（1277），江南战乱，民不聊生，纷纷逃难，俞氏迁思溪的第四代俞伯恒带领全家逃往外地避乱。元灭宋后，战乱平息，俞伯恒回到故里，所幸居室未遭破坏。他站在故居旁，见泗水南岸有人家居住，问后得知为江姓，高兴地说："泗水，对俞姓不利，今有

'江'在，'俞'（鱼）何患无水，俞姓定当从此兴旺。"元大德三年
（1299），俞伯恒率众从外地迁回，在泗水南岸的南山之下建房定居。面
对滚滚东去的泗水，他思而感叹，水有源头，人有祖先，不可忘记根
本，遂将村名"泗溪"改称"思溪"。

　　思溪是一块风水宝地，村基坐落于泗水环绕的一处平坦坡地。南面
是远处发脉而来的南山，像一道屏风护卫着村庄，是村落的来龙。南山
中间昂起，两侧平低，状如一顶官帽，又像一个宝盖头。中间昂起的山
顶称为"富字顶"，山脚下原有一丘口字形田，构成一个"富"字，村
中民居都背倚南山的"富字顶"而建。整个村落三面环水，背靠青山，
具有典型的"以山为靠、依水而居"的村落选址特征，符合传统的徽州
村落风水格局。

通济桥

　　南山背后有两条小溪流出，被称为"粮仓"和"银库"，由东西两
个方向流向村前被称为"聚宝盆"的鱼塘田，汇合后注入泗水河，象征
着汇聚财气。思溪村落街巷布局非常讲究，以衔接通济桥的巷道为主
轴，连接东西向、南北向各3条主巷道与12条支巷，将民居联成一体，
街巷总体布局呈"井"字形，意喻聚积、关锁财气，用心独到。在百寿
花厅旁有一口燕尾古井，是村中唯一的一口井，是"鱼"形村基的"鱼

眼"。在村北的泗水建有一座廊桥——通济桥，此桥一墩两孔，河中桥墩用巨大的青石块砌成尖尖的船头形，俗称"燕嘴"，利于分水、行船、放簰。通济桥则是思溪鱼形村基的背鳍，是村落风水的重要组成部分。

思溪村落四周都是稻田绿地，粉墙黛瓦与青山秀水相辉映，给人以朴素淡雅的美感。民居以明清古建筑为主，巷道以青石板铺就，村内代表性古建筑主要有"振源堂""继志堂""承裕堂""承德堂""百寿花厅""银库屋""敬序堂"等。这些古建筑的"三雕"工艺精湛，凡梁枋、雀替、护净、窗棂、隔扇、门楣和柱拱间的华板、厢房壁等处，大都精心配以木雕装饰，采用浮雕、圆雕、透雕，辅之以线刻的手法，雕刻龙凤麒麟、松鹤柏鹿、四时花草等图案，寄心明志，赋予建筑美感，充分体现了徽派民居的建筑特色。其中，"敬序堂"建于清雍正年间，房屋由庭院、正厅、后堂、花厅、厨房、花园等组成，建筑雕刻精细完美，是电视剧《聊斋》的主要外景地；百寿花厅格扇门上，阳刻96个不同字体的"寿"字组成的"百寿图"，分别镌在十二扇扇门的中间，堪称木雕精品。从远处看这些古民居，马头墙飞檐翘角，在蔚蓝的天际勾画出民居墙头与天空的轮廓线，增加了空间的层次韵律美。

思溪属亚热带温暖季风湿润气候，年平均气温16.5℃，年均降水量1857毫米，70%降水集中在春、夏两季；无霜期252天；全年日照时数约1890小时。思溪属丘陵低山区，地质条件为侵蚀剥蚀构造丘陵区，残坡积物覆盖，土质肥沃，是婺源传统产粮区。村后的南山面积约17万平方米，东西走向，植被覆盖率高达96%以上。植物种类丰富，古树名花繁多，有樟、松、杉、柚、楠、翠柏、梨、桃、桂、紫薇、牡丹等，郁郁葱葱，遮天蔽日；村边良田满畈，茶园绵延。野生动物则有獐、麂、野猪、野兔、穿山甲等。思溪百姓十分重视生态环境保护，泗水岸边、通济桥头的各类禁碑就是历史见证。

思溪村以传统农业为主要经济，现有农田728.11亩，茶地372亩，山林7000亩，森林覆盖率达92.5%，主要种植林木、茶叶和水稻。农业水利设施完备，建于泗水上下游的两座拦河石堨，既蓄水、引水以便于灌溉河两岸的一千余亩良田，又使村前河段抬升水位，平缓水势，便于村民洗濯；从两座拦河石塌引出的水，通过沟渠引流到田间地头，其中规模较大、保存完好，至今仍在发挥灌溉作用的有龙河圳等。

　　几百年来，思溪人杰地灵，涌现出一批文人志士和商界精英。清乾隆年间至光绪年间的近200年里，思溪俞氏和江氏中进士5人，举人17人，进入仕途实授官职的有12人。思溪儒商是徽商的一支劲旅，历代在江浙乃至湖广经商，主要经营木材、茶叶、盐业等生意。经商致富的人携资归故里，买田置房兴教，使同村人亦商亦儒、亦儒亦官，培养造就了大批的知识分子和商界精英。民国初期，闭锁的国门被打开，扩大了对外通商。因经营茶叶可获利丰厚，思溪商人纷纷投资茶号，精制茶叶出口海外，还开垦了许多茶山，发展茶叶生产。村内茶号最多时曾达到9家，茶商盛极一时，村庄兴旺发达，婺源绿茶闻名世界。

　　21世纪以来，思溪村利用深厚的文化底蕴和精美的商宅民居发展旅游产业，古村又迎来新的发展机遇。2010年3月，思溪获评国家AAAA级旅游景区。

晒秋扬名——篁岭

吴精通

篁岭位于江湾镇境内，坐落在篁岭山腰，是挂在山崖上的村落。村落布局沿山坡呈梯级分布，从空中俯瞰，像一只栖息在青山之上的凤凰，被誉为"梯云村落，晒秋人家"，先后入选"中国传统村落""中国历史文化名村"。

篁岭

篁岭建于元代。元大德年间，附近山坳中的晓鳙曹文侃迁居此地建村，初名"篁里"，明代以后，改称"篁岭"。这是个曹姓聚居的村落，至今曹氏宗族已在此生息繁衍二十九代。

婺源地处江南丘陵地区，山峦密布，溪流纵横，山环水绕的自然条件为理想人居环境的选址提供了较大的余地。但是，大自然千姿百态，随着人口繁衍扩大，后来者选址的余地有限，许多村落的人居环境并非完全符合理想模式。对于非理想的村落环境，婺源人并未放弃，而是在遵从自然的同时，对自然环境进行积极改造，使之趋于理想的人居环境。篁岭村落就是这样一个范例。

篁岭村基选在篁岭山顶之下50米处一块"凹"型坡地上。村基总体形似一把"太师椅"，村基中心的平坦是其"椅面"，两侧的小山脊是其"扶手"，下方的五色鱼塘是"洗脚盆"。村基上方是郁郁葱葱的来龙山，似一顶帽子戴在头上；村基下方是遮天蔽日的水口林，似一道绿色寨墙，固土防风，守护着篁岭人家。村落民居，依山就势，呈阶梯状分布其间。村基脚下是层层梯田、良田千顷，养育着一代又一代篁岭人。

篁岭古村所在的山坡面向西南，总体上东北部高，西南部低。建筑分布层段地形平均坡度约为25°，从下往上坡度逐渐变陡。民居主要分布在海拔400～500米地段，被称为"江南的布达拉宫"。篁岭古村围绕水口呈扇形梯状错落排布，房屋鳞次栉比，巷道纵横，桥、井（塘）交错，布局别致。一条天街横贯东西，三座桥通往村内外，六口井寓意六六大顺，九条巷道通达每家每户。民居、街巷根据斜坡的走向改变，房屋的大门朝向街路，家家二楼开后门，后门与上一层的大路相连，形成了篁岭阶梯状、山寨式的村落格局。

篁岭传统民居蕴含着"砖雕、木雕、石雕"的艺术精髓，村中散布着众多精品古建筑，有罕见的四层木构徽派古建筑"众屋"，有"怡心楼""慎德堂""培德堂""树和堂"，和客馆、绣楼等，都是徽派古建的代表之作。篁岭是一座生动的古建筑博物馆，行走在大街小巷，可以细细品读徽州的传统村落文化。

篁岭的风水营造是婺源传统村落的经典样本。郁郁葱葱的来龙山，茂密的红豆杉水口林，古朴的石拱桥、五显庙，椭圆形的五色鱼塘，都是篁岭村落风水的核心要素。来龙山青松直立、香榧树苍翠千年；水口林遮天蔽日，五色塘集财聚气，石牌坊屹立村头，步蟾桥关锁水口，五显庙护佑平安，这些都彰显了篁岭风水的特色，突显了篁岭古村的历史价值。

篁岭先人在建村之初就特别重视水口的营造，于出村之水口处，种上密密匝匝的树木，既起到固土护坡的作用，又达到关锁聚气的效果，使村落兴旺发达。篁岭村水口林中分布着极为罕见的国家一级保护植物红豆杉群及樟树、银杏、香枫等名木古树。树龄200年以上的古树共计9类52棵，其中国家一级珍稀濒危保护植物红豆杉18棵，樟树类17棵，银杏类2棵，女贞类4棵，枫香类5棵，糙叶树类3棵，朴树类2棵，香榧类1棵。村民们的世代保护，使得篁岭村落四周林木葱郁，遮天蔽日，景色秀丽，气候宜人；村边良田千顷、梯田密布，成为一处人与自然和谐相处的"生态家园"。

篁岭有着尊儒重教、耕读自强的传统，是个文风鼎盛、人才辈出的地方。据不完全统计，明代以来，篁岭由朝廷任命的曹姓官员就有12人，文人著述有3种数十卷，如曹鸣远主修《曹氏统宗谱》等。著书立学的曹孜学、知县一方的曹鸣远、纲维一乡的曹鸣鹤、天性孝友的曹廷启、重义好施的曹玒等，都是篁岭的人杰，至今仍为当地村民津津乐道。

篁岭村民从祖辈起就有用竹晒盘晾晒农作物的民俗，春晒笋干、夏晒山蕨、秋晒果蔬、冬晒谷物，一年四季延绵有序。每当日出山头，在错落排布的民居晒架上，村民纷纷晾出晒盘，饱经沧桑的斑驳墙体与五彩缤纷的大小晒盘，给人以强烈的视觉冲击，绘就一幅美妙的"晒秋图"。晒秋是篁岭独特的人文景观，世间罕见，在这样奇特的地貌上展现的"晒秋图"，也难以复制的美景。

古建筑艺术的精美与村民晒秋的民俗完美融合，使篁岭古村的文化底蕴活灵活现、生动无比。21世纪以来，篁岭利用独特的晒秋民俗开发旅游产业，对古村进行整体性修缮保护，使山间篁岭重现生机。篁岭晒秋已成为一项非物质文化遗产、一种生活体验、一种旅游产品。2014年11月29日，在"美丽中国发展论坛暨第一届最美中国符号品牌榜"颁奖典礼上，篁岭凭借举世无双的"晒秋景观"，荣获"最美中国符号"的称号。

篁岭已化身一座民俗文化大观园，每年会举办乡村过大年、乡村音乐节、乡村晒秋节、水果采摘节、油菜花节等节日，节庆接连不断，活动异彩纷呈。一批非物质文化遗产传承者与手工艺者集聚于此，或在街头巷尾、或在家庭作坊，展示并传授绝活。人们在这里能欣赏到久违的传统手工艺，也能参与手工艺品及风味小吃制作的全过程。在篁岭农家打麻糍、做米脆，品尝传统民俗，受到游人们的日益追捧。如今，篁岭这座民俗文化大观园以其不同寻常的风韵闻名海外，每日游客熙熙攘攘，川流不息。

篁岭水口

篁岭已成为乡村旅游发展升级的新样本，婺源全域旅游的"后起之秀"，赢得了社会各界赞誉，并获评国家AAAA级景区。

儒商家园——延村

胡兆保

延村

　　走进延村，满目是黛瓦灰墙的老屋，高低错落，古朴淡雅。

　　都说延村是儒商庄园，明清时期这里出了许多有文化的商人，商人经商致富后，便回乡不惜重金盖楼建屋，相互攀比，建筑形式和规模都表现出乡土村落少有的富贵气派。延村民居正是婺源村落建筑鼎盛时期的缩影。兴盛时延村有商宅100多幢，现仍保存56幢。一个村子能保存这么多清代商人的居宅，如今确不多见。

　　延村原称延川，明朝初期金姓开始从沱川迁入，改名延村，以期后世子孙绵延百世。现在的延村仍保留着明清时期的基本风貌，56幢古民居都有百年以上历史，皆为飞檐翘角马头墙，庭院深深，小巷狭长。青石板铺设的街巷整洁清静。延村民居一家连着一家，边门相通，串门方便。如遇雨雪天气，从村头到村尾穿堂入户可衣衫不湿。

这里的民居造型讲究，规模庞大，堂屋有三间式、大厅式和穿堂式，均用天井采光。大户楼上楼下有房多至20余间，天井也有前后多个。门分大门、正门、偏门、耳门和后门。梁枋、斗拱、雀替、门楣、窗棂、护净上刻满松柏花草、戏曲人物，不少雕刻采用借喻、象征手法，如雕刻的麒麟形象隐喻"麒麟送子"，鹿蕴指"禄"，鹤象征"寿"，蝙蝠与海浪图纹合为"福如东海"，两只山羊加上太阳为"三阳开泰"，这一类吉祥寓意的木雕比比皆是。

儒商的宅第除雕梁画栋、精心布局之外，还修庭院，凿景窗，置盆景，花台、水缸、石桌、石凳一应俱全，屋内题额楹联，装裱书画，情趣优雅，无不表露出儒商富贵还乡时的荣耀以及对理想生活的追求。

延村民宿里的茶座

延村是中国历史文化名村。从保护完好的余庆堂、笃经堂、训经堂、聪听堂等老宅，可看出延村民居不同寻常的建筑特色。

余庆堂是延村典型的徽派古民居，集中体现了徽派民居的建筑风格和徽商的审美观。居宅的院门开在房屋的左角，即青龙位，大门前有围墙，从偏门经墙院再进屋，可保护宅居的私密性。外墙上端的方窗小巧，且兼顾防盗防火功能。门楼上方的门罩重瓦铺盖，翘角飞檐，下方的门枋上雕刻着寓意吉祥的图案。天井采用"四水归堂"的建筑特色，不仅有采光和方便排水等功能作用，更能满足人们的心理暗示。天井四周的屋檐上设置天沟，使雨水顺着天沟和暗装的水枧，流入天井下面的"明塘"。"明塘"由青石砌成古铜锁形状，意寓"锁住"财气，积财聚宝，肥水不外流。正厅中堂壁上悬匾额，下挂画轴，轴两边挂楹联。案桌上摆放时辰钟、花瓶、玻璃镜，意寓"平平静静"，寄托了家人的祝愿和期盼。余庆堂前后都有天井，后天井置有水缸，叫"镇宅缸"，主要用于消防，其实也是"护宅缸"，常年蓄水，遇难不慌。

训经堂古宅是清末知名茶商金銮建造，这位金老板通晓洋务，懂英、法、日多国语言，他的"鼎盛隆"品牌绿茶饮誉欧美，曾与茅台酒一同于1915年荣获巴拿马国际博览会金奖，是上海滩的茶界领袖。训经堂不同于其他徽派建筑，它没有天井，厅堂的屏风门镶的是从法兰西进口的变色玻璃，搭配传统图案的木雕，中西合璧，别具风味。

聪听堂是延村著名的书香门第，世代人才辈出，我国城建学科创建人、同济大学著名教授金经昌就出于此门。这里的木雕，多选用戏曲、诗文典故，有《西厢记》"莺莺焚香拜月，张生隔扇窥玉"的故事，有白居易《琵琶行》诗画"浔阳江头夜送客，枫叶荻花秋瑟瑟""千呼万唤始出来，犹抱琵琶半遮面"等。这些雕刻画面构图饱满，雕工精细，栩栩如生。

漫步延村，可见村中巷边都是大青石叠成的墙脚，还随处可见或圆或方的青石柱础。显然，这些宅基之上也曾是阔绰的商宅，或毁于火灾，或失修坍塌，仅存宅基。

如何保护古民居？如何使现有的古宅能像它的村名一样绵延百世？这并非是只有老宅主人才会思考的问题。2014年，一则"三位茶道小姐买下将军府"的报道，成为婺源坊间谈论的新闻。

将军府，原名福绥堂，占地600多平方米，三进三层。据说，晚清将领左宗棠率兵阻击太平军到婺源时，曾在福绥堂居住，将军府由此得名。20世纪80年代末，茶文化研究风生水起，婺源茶道也经挖掘整理后问世。方秀瑛、李念、陆华是第一批登上婺源茶艺舞台的茶道小姐，她们曾把茶文化带入南昌、广州、上海、北京，还跟随中国国际贸易促进会代表团赴科威特，首次将中国茶文化传播到海外。这些离别多年的茶道小姐在婺源欢聚一堂，她们突发奇想，想去乡下找幢老房子，再圆一次茶道梦。聚会结束后，方秀瑛、李念、陆华三人竟真的下乡了，她们四处寻找老屋。当她们第三天来到延村，看到将军府后，就决定不走了。经谈判，在满足了原住户提出的所有条件后，当晚便签下了转让协议。接着，她们请来了专业的设计师与工匠，按照修旧如旧的要求，打造了一座既保留古民居风貌，又满足当代人居需求的度假宅院。

于是，将军府在经过一番紧锣密鼓的改造后，终于英姿焕发，开门迎客。这座古老民居终于找到了"活态保护"的新模式。冯骥才曾呼吁："传统村落的价值不只是历史价值，更重要的是它具有未来价值。正是为了未来，我们保护我们的遗产，传承我们的文明。"延村众多的民宿，守住了传统民居的历史价值，延伸并演绎了老宅的当代价值。

歙砚原产地——砚山

游桂生

砚山古砚坑分布图

光绪《婺源县志·山川》载：

> 龙尾山，在县东百里，高二百仞，周三十里。山石莹洁有罗纹，为砚质比端溪，故又名罗纹山，又名砚山。

龙尾山主峰海拔仅695米，因出产歙砚名扬天下，其所在的村落就是砚山村，归婺源县溪头乡管辖。据陈咸润《中国民俗文化村砚山》记述，其建村历史在1500年以上。按《东周列国志》所叙："流其（吴王夫差）三子于龙尾山，后人名其里为吴王里。"据清代吴清卿《果石派仁九公吴氏源流序》的记载，纵观砚山村，从有人居住至今，其历史已有2500年之久。

砚山村现有103户，共402人，有鲍、汪、徐、陈、吴、程、李、洪、姚9个姓氏。由"居民上下百余家，鲍戴与王相邻里"可知，北宋至今，该村人口并没有大的改变。从南唐开始，砚山就是朝廷定点的御砚生产基地。《歙州砚谱》载，南唐中主李璟精意翰墨，特设砚务官一职，负责为官家造砚。后主李煜盛赞"澄心堂纸、李廷圭墨、龙尾砚"三者为天下冠。北宋时黄庭坚奉朝廷之命来婺源取砚时，看到龙尾山一带奇特的自然风光和工艺精湛的歙砚，欣然写下了《砚山行》。当时的社会名流、文人雅士不畏跋涉崇山峻岭之苦，慕名来到此地，带动了地处徽饶古道上的砚山村的经济繁荣，使其"店铺林立，官商不绝于道；私塾兴盛，读书仕宦如云"。

自从元佑献朝贡，至今人求不曾止

龙尾砚自唐代柳公权《论砚》的推崇而名扬天下，历代文人雅士无不视其为至宝。米芾的《砚史》，欧阳修的《砚谱》，苏轼《龙尾砚歌》等都对其赞誉有加；蔡襄偶得一方龙尾砚后夸耀道："玉质纯苍理致精，锋芒都尽墨无声。相如间道还持去，肯要秦人十五城。"

宋代之后，相关文字记载很少。光绪《婺源县志》载："自元兵乱后，琢者日拙，而识砚材者无鲜。"仅记载了济溪游萝峰一首诗。受明代婺源保龙案的影响，当地乡绅认为采石有"有损山川灵秀""凿伤龙脉"等说法。从当代砚雕艺术家吴锦华《龙尾石谱》中的记载可以得到佐证：黄皮眉坑，亦称水蕨坑或鲫鱼背坑，为砚山村"风水"所在，为不改变地貌，1988年开采砚石时，也没有对该坑进行大规模开采。庄基坑，因历史上曾发生采石伤人事故，被视为"吃人坑""老虎凶"。采石伤人也是宋代之后减少开采的原因之一。

据当代歙砚大家胡中泰的文章称，根据周总理的"充分挖掘传统文化技艺遗产，为国家创取外汇"的指示，1963年，婺源县在砚山成立了专业砚石开采队，对龙尾石进行了有组织、有计划的开采。1979年冬和1984年元旦，婺源县龙尾砚厂分别在北京中国历史博物馆和上海举办了中国龙尾砚展览。1990年起，随着市场经济的发展，原先计划经济时代的制砚厂陆续解体，砚山村和大畈村的私营作坊、店铺显现出良好的发展势头，有的开到了县城、省城、京城。婺源县龙尾砚研究所、婺源县砚文化研究会分别于1999年和2005年先后成立。

近年来，随着旅游业发展，歙砚已成为婺源的一张名片。2006年，婺源歙砚制作技艺入选第一批国家非物质文化遗产名录。2017年4月7日，第39届全国文房四宝艺术博览会上，婺源被授予"中国歙砚原产地之乡"称号。

由于行情好，资源紧缺，外加一些游资以及外资的炒作，近几年甚至出现"争购老房子赌砚石"的现象：一些人花几十万元买下砚山村的老房子，只为获取拆掉房子后的地基石头，而有的地基确实是歙砚老坑石料，价值几百万元，投资者一下子就获得了数十倍的利润。"宁舍一室，不舍一石"的古语在今天已成为收藏现实。砚山村的芙蓉溪子石更是奇货可居，被村民们掘河三丈，穷尽搜索，连古代废弃并带有凿痕的石头都被搜寻一空。

封禁，留下砚田后人耕

婺源县委、县政府对砚石开采乱象高度重视。近年来，按照"保护为主、抢救第一、合理利用、加强管理"的方针，整体规划，合理开发，以实现社会效益和经济效益的统一。有关部门最终决定封禁砚山各大砚坑，并安装监控设施，乡村派专人负责监管，严禁村民乱采滥挖砚石。

砚山村是匠人聚集的古村，各自为政，公共意识淡漠，村落建房无序、道路布局凌乱，自然景观与文化底蕴难以配搭，村落传统建筑消失殆尽。对砚山的保护和发展，还面临着诸多困难。中共砚山村支部书记姚启志着提出疑问："当地村民世代以采制砚石为主，封禁之后，村民的主要经济来源靠什么？砚山的历代砚坑和制砚作坊等历史文化遗迹，在尚未列入国家重点文物保护单位之前，如何加强规划和保护？"

砚山歙砚采石

怎样实现既能保护砚山文化与生态，又能改善砚山村民生产和生活？砚山的保护和发展所需资金又该如何解决？

上饶市博物馆馆长在《让砚山重焕生机》一文中指出：首先要做好调查研究，尽快编制《砚山历史文化和生态保护总体规划》；其次在解决砚山矿产资源开采权等历史遗留问题的基础上，进一步整合资源，加大砚山生态环境和基础设施建设，为引进社会资本投资保护开发营造良好氛围；再次要借鉴篁岭古村落成功经验，力争把砚山建成中国歙砚传统制作技艺生产性保护基地和中国歙砚历史文化研学基地。

砚山村史迹文化熠熠生辉

砚山村幽谷深潭，草木葱茏，溪流湍湍，怪石兀立，有石狮脑、象鼻山、石树林亭、龙潭、墨泉、吴王三太子墓、黄庭坚古道、莲花池、龙涎泉、上碓堨、里边堆堨等自然人文景观，有宋代"四大名家"茶之一的"桂花树底贡茶"，还有遍布山野溪傍的古砚坑，以及唐、宋、元、明、清历代留下的歙砚开采制作历史遗迹等。

溪头乡制定的《婺源砚山历史文化名村项目策划案》，阐述了县乡两级政府关于砚山村的生态文明发展思路：砚山村最具价值的品牌就是龙尾砚，也是砚山村的核心竞争力所在。应化资源优势为文化优势、品牌优势、产业优势，使其融入婺源旅游发展迅猛的江岭景区东线延伸带。龙尾砚石自带客流量，尤其是砚石开采老坑口的打造、砚山村功能性服务设施的到位、村周自然景观与人文景观的配合，村内卫生条件的改善等，旅游产品差异化及文化附着性，更能吸引家庭出游、自驾出游的游客。尤其是研学旅行，对以文化为铺垫、技艺为基础、国学为引领的项目的追随性更强。这份规划是对砚山村的精准把脉，为村落的生态文明发展、可持续发展定好了基调。

2019年，村口的"砚山村"石牌坊建好了，由老村委会改建的砚山村歙砚艺术馆开馆了，"玉铭砚斋"歙砚雕刻技艺"非遗"传承基地落户了，20亩莲花池已在建设中。砚山村在县乡党委、政府的正确领导下，迈出了品牌文化建设的坚实脚步。

多维度的"国家森林乡村"——曹门

胡　红

婺源县太白镇曹门村，下辖6个自然村、16个村民小组、588户，共1980人。辖区总面积35745亩，水田1920亩，林地29000亩，其中阔叶林21500亩，森林覆盖率达81.13%，村民人均纯收入5700元。先后获评"先进党支部""先进基层党组织""先进村（居)"等荣誉称号。

敢做"减法"，秉持"原味"

自古以来，婺源人秉承"树养人丁水养财"的理念，一直致力于保护"风水林""水口林""龙山林"，一整套封山育林的制度在长期的潜移默化中形成了独具婺源特色的生态保护文化，并世代传承。这在曹门村体现得更加具体：村中名木古树林立，开路要避树、建屋要倚树，小桥流水环村过，粉墙黛瓦马头墙，隐匿在一棵棵树冠下，渲染出人与自然和谐相处，人与自然相得益彰的生动画面。

在申报和创建国家森林乡村工作启动后，村支部书记詹晓华力排众议，义正辞严地否决了"挖地掘土""伐树开路""破旧立新"等项目提议。他坚持"先做减法、敢做减法"，即舍去不必要的大刀阔斧建新工程，尽量在维持原汁原味的基础上，修旧如旧，保持村落的原生态。

事实证明，詹晓华的决议是对的。原始的青石板村道有鲜花点缀，修缮后的危旧房错落有致，矗立村中的名木古树成荫妆点，生态村落的原始布局格调清新，红色底蕴、淳朴民风，扑面而来……

曹门木屋

会做"除法"，根治"异味"

一张蓝图绘到底，一以贯之抓落实。村委会广泛发动宣传，倾听村民心声，广纳意见建议，精心编制规划。

在规划中，曹门结合新农村建设，通过"除法"剔去村里的杂味、异味。他们对土地进行规划整理和林业秩序整治，开展"三清三改"行动，拆除影响环境的木棚、猪牛栏、厕所等，改栏、改厕、改水，清理乱堆乱放、乱搭乱建现象，清理河道淤泥、污水、垃圾，切实保护了村庄古建筑、古树木等人文景观和自然景观，人居环境设施不断完善，村容村貌不断美化，道路、供水、电视、电话、网络、卫生等建设都取得了显著成效。

走进曹门，天是蓝的，水是清的，山是绿的，闻不到令人作呕的怪味，看不到私搭乱接的"蜘蛛网"，处处令人赏心悦目。

曹门宣传栏

善做"加法"，提升"韵味"

始建于公元858年的曹门，是中国汪氏繁衍壮大的祖源，中共婺源县第一个支部在这里诞生，红色文化底蕴深厚，至今仍存有古栈道、古战壕，因此，也有了"星火曹门，红船记忆"的红色名片。

在太白镇党委的具体指导下，村"两委"认真梳理曹门的红色文化资源，整理收集红色故事，科学打造红色文化教育基地，红色广场、红色漫画、红色遗迹、红色步道、红色故事、红色纪念馆等元素一应俱全，成为了省、市、县各级开展红色教育、接受红色洗礼和党团主题活动的好去处。仅2020年，在曹门参加红色教育和党团活动的就超过了8000人次，真正达到了让人文底蕴焕发新机，让红色文化深入人心的效果。

巧做"乘法"，缔造"品位"

在曹门，还有一群特殊的"居民"——世界极度濒危鸟种蓝冠噪鹛。它们对繁育住所的条件要求极其苛刻，即使在婺源的绿水青山中，也只有极少的几个原始村落有其活动轨迹。因此，蓝冠噪鹛也就成为了美丽乡村、生态乡村的"代言人"。国际、国内鸟类专家、观鸟摄影爱好者慕名而来，观鸟民宿、观鸟农庄、观鸟摄影展、观鸟旅游给村庄的经济发展带来新的增长点，村民把蓝冠噪鹛当成好邻居，用心尽心呵护，生动谱写了"同在蓝天下，人鸟共家园"的和谐乐章。

"绿水青山就是金山银山。"近年来，在上级不断的支持关心下，曹门"两委"乘势而上，心往一处想、劲往一处使，积极争取项目资金，科学规划、狠抓落实，始终把生态建设作为推动村经济发展的重头戏来抓，走生态富村之路，实现了经济发展与环境保护双赢。

曹门结合自身区域特点、资源优势、生态环境、经济技术基础，以人与自然和谐共处为主线，以提高人民生活质量为根本出发点，以促进经济增长方式转变和保护生态环境为前提，运用生态学原理，充分发挥区域生态、资源、产业和机制优势，大力发展生态经济，保护和改善生态环境，创建和谐优美的生态家园，培育生态文化体系，实现经济、社会、人口、资源、环境的协调持续发展，逐步建成"望得见山、看得见水、记得住乡愁"的"梦里老家"。

一都：两百年养生河

叶文毓

一都

　　同婺源境内各处乡村一样，一都也拥有地道的徽州风情。苍翠的山峦，清澈的溪流，环抱着粉墙黛瓦的村落人家，构成一派旖旎的山水田园风光。在静谧的岁月中，祖祖辈辈的一都人，在这方土地上，不知迎来了多少缕晨辉，送走了多少片晚霞。为了打造和维护宜居的家园环境，先辈们没少耗费心智和精力，他们为后代留下的既有物质层面的生态遗产，亦有精神层面的生态理念，供后人利用和借鉴。

　　一都是有8个自然村的行政村。据《婺源县志》载，"都"的称谓源于明代洪武年间实行的"都坊制"，婺源县划定：城厢为8坊，农村为6乡，统30个里、50个都。一都因序号为一而称一都，属松岩里。一都境内南北两山夹峙，中间东西走向的狭长地带散布着田地、溪流和村庄。两条分别发源于湖坑村和荆源村的山谷小坑，各自流经店前村和明安村，在六房村对面的上山坞口汇成一条溪流，经六房村、下村、清明田村注入十八亩水库，出水库溢洪道再经锡源村、店埠村、水碓吴村、黄碧田村，到坑口村汇入乐安河。

清嘉庆二十四年（1819），由明堂里（下村与六房村）几位村民呈文县衙正堂，请求勒石刻碑，将上起小桥头、下至刘家坞口、中间流经六房和下村的一段溪流划为养生河。所谓养生河，就是在划定的河道内对水生物只许放生、养生而不准杀生，并有明确的禁律约束村内外一切人等。可以想见，一都的先辈们早就具有朴素的环保意识，他们曾经的许多举措至今仍可作为环保范本。

养生河段有深潭也有浅滩。深潭大多在河湾处，澄澈静谧，犹如贵妇人躺在沙发里，怡然自得，波澜不惊。浅滩流水有缓有急，舒缓处如叨叨絮语，喋喋无休；急湍处如鸣琴鼓瑟，乐声萦耳，绵绵不绝。几座大小不一的石塌横亘于各段河中，这些石塌是劳动人民通过长期的生产实践而形成的智慧结晶，是非常实用的水利设施。塌体居中是塌脊，塌脊两边分筑石坡，称迎水龙骨和送水龙骨（龙骨即塌石）。塌脊中间有塌槽，其作用是便于蓄水和泄水，稻田需要引水时即将塌槽堵塞，不引水时即将塌槽放开。若逢天旱靠塞塌槽无济于事，就要在迎水龙骨上加筑草塌，用泥土将龙骨缝隙塞严实，防止水漏下塌底。不懂此理的人或许会问，上游的塌塞得滴水不漏，下游岂不是会干断河床？其实不必担心，自然生态有其自身的魔力，上游塌上的水会通过沙子渗透，经河床底下滤到下游，下游也用同样的方法塞塌蓄水即可。或许还有人会问，为何不直接将石塌筑高，却要年年加筑草塌，这岂不是浪费人工？殊不知这恰恰是种田人保护生产和生态的智慧。实践早已证明，这并非一劳永逸的事。如果将石塌直接筑高，涨大水时就会因水流不畅而漫田漫埂，损害庄稼，破坏生态，造成洪涝灾害。临时加筑草塌的好处就在于涨洪时加高的草塌部分会在第一时间被冲掉，使水流顺畅，利于泄洪，减轻洪水对生产和生态的损害。在平时，石塌也是河中的一道风景。每年春水一动，水漫塌槽，如白练盘旋，如泻玉流珠，时刻不停，引人注目。

养生河的上段与下段都是依山而流，只有中间一段从下村穿村而过，使下村形成一河两岸，大有小桥流水人家的韵味。正是这样的天然风貌，造就了下村与六房村共同的称谓——明堂里。其来由是下村一河两岸的河面上架着一座木桥，称"冬至桥"，整个村呈"日"字形，冬至桥是"日"字中间那一横；六房村依山而建，村前有一口半月形池塘，谓之"月"字，日月合为"明"，因此两村统称明堂里。往日里两村如有人家嫁娶，挂于轿门的迎亲或送亲的轿联上，郡名前必有"一都明堂里"字样。不过对于今天的人们而言，这些都已经是陈年旧俗了。

一都京枥树

下村村口养生河畔，屹立一株千年古樟，高 30 多米，围约 8 米，树身向河一侧倾斜。像要抚摸那如镜的水面。这株古樟旁原有一座八角亭，亭坐落于河边，且有巨樟浓荫遮蔽，是夏天纳凉的好所在。亭的八个角檐上各悬一个铜铃，风吹铃响，其声悦耳。亭中还有一副对联，据说是一位一都的私塾先生所撰，联云：

佛庙拥亭腰群黎受庇，神樟居里首大地钟灵。

亭左右原有观音庙、韦陀庙、土地庙等庙宇，因修筑村公路，亭、庙皆已拆除，算来已近半个世纪了。几年前，笔者曾在古樟荫下写了一首怀旧诗：

下村村口怀旧

巨干虬枝证世尘，当年庙宇记犹新。

铃悬八角扬清韵，莲结千花拥法身。

暑气难侵风习习，波光易泛影粼粼。

闲来有兴敲诗句，留与村人溯旧因。

这些曾经的亭、庙陈迹，只能留在岁月的尘封中。

曾几何时，养生河中的生物是那样繁盛，它们以各自的生存状态，演绎着水中的画面。站在河边，随时都能看到成群结队的鱼儿在水中自由自在地来回游弋，淌起一个接一个的涟漪。那些红鳃、白条在日影下闪着鳞光，相互追逐。洗衣埠边，成堆的小鱼儿喜欢与肥皂泡嬉戏，在摆水的衣服底下捉迷藏。那些水中的石头底下，藏匿着大大小小总是横行的螃蟹。喜欢缩着脖子的鳖时而在水底潜行，时而在沙滩上缓慢地挪动四肢，旁若无人地划着圆步，仿佛知晓人类不会伤害它们似的。那些覆盖着一片片河床的蘋草，伸着长长的蘋茎在微波中优哉游哉地晃动；呆头呆脑的乌鲤鱼就时常憩息在蘋草间，它们把头埋在蘋草中，背却露出草隙，就好像睡着了似的一动不动，一副毫无戒备、满不在乎的模样。每当夏天人们在河中洗澡时，敏捷的小鱼儿总爱在人身边滑来滑去，这些小精灵像是恃宠而骄，来搞恶作剧呢！

淳风良俗造就了一都人关爱养生河的理念，尽管终日面对可以做成美味佳肴的水中生物，人们既不睹物兴思，更不望鱼兴叹。这样的理念代代相传，生生不息。

毋庸讳言，因农药的广泛施用，养生河无可避免遭到了污染，河中生物自然也难逃厄运。近半个世纪以来，那种自然和谐、天人契合的养生河景观已淡出了人们的视野，令多少人唏嘘、扼叹！

好在事物总是在不断发展变化中，随着全社会环保意识的增强，文明生态理念深入人心，一都养生河也同大环境一样，生态正持续优化。鱼类的回归，标志着养生河已重新焕发生机，那种生态和谐的情形指日可待了。

第五章

婺源自然风景区

处处可为诗

潘 彦

水口林与廊桥

"郁郁层峦夹岸青，春山绿水去无声。烟波一棹知何许？鸂鶒两山相对鸣。"800多年前，一代大儒朱熹对家乡婺源优雅景致的赞许，是对婺源人与自然深度融合之美最好的诠释。

建县于唐开元二十八年（740）的婺源，是一颗镶嵌在赣、浙、皖三省交界处的绿色明珠，自唐宋以来便是游览胜地，为历代文人墨客所青睐。北宋诗人黄庭坚曾在此留下"龙尾群山耸半空，居人剑戟旗幡里"的诗句，南宋名将岳飞也曾在此发出"十年征战风光别，满地芊芊草色骄"的感慨。近年来，婺源更是因其优美的生态环境和深厚的文化底蕴，被誉为"中国最美的乡村"，是全国唯一一个以县命名的国家AAA级景区，拥有国家AAAAA级景区1个、AAAA级景区13个，也是全国拥有AAAA级及以上景区最多的县，游客接待人次连续13年位居江西省之首。

婺源之美，美在生态。自古以来，婺源百姓便有尊重自然、敬畏山水的生态自觉。"杀猪封山""生子植树"等村规民约深入人心，留下了"古树高低屋，斜阳远近山。林梢烟似带，村外水如环"的人居佳境。婺源的自然风光以山、水、桥、亭、路、洞、石、村、滩、树为组合，东北乡峰峦叠嶂，衬以石林、岩洞、瀑布、泉涧、古树、驿道、路亭、廊桥，伟岸雄奇；西南乡溪涧纵横，衬以谷壑、舟渡、木桥、洲滩、深潭、茶园、森林、古路、亭阁，秀灵俊雅。古建筑遗迹恰如其分地点缀于青山绿水间，犹如星月交辉。

婺源之美，美在文化。作为徽文化的发祥地，婺源自古享有"书乡"之美誉。千百年来文风鼎盛，人杰地灵。自宋至清，有进士554人，仕宦2665人，著作1275部，入选四库全书175部。一代大儒朱熹，"中国铁路之父"詹天佑等杰出人物层出不穷，人文景观遍布全境。明清府邸、祠堂民居、村址遗迹等古建筑艺术蔚为大观，傩舞、茶道、抬阁等民间文化艺术绚丽多彩，堪称"徽文化的大观园"。

婺源之美，美在四季。近年来，婺源实施"发展全域旅游、建设最美乡村"战略，贯彻"大旅游"发展理念，打造"四季不落幕"的"美丽乡村、梦里老家"，形成了"四季皆旺、老少皆宜"的多彩旅游精品。春天的婺源，青山环抱，绿水荡漾，万亩油菜花同时绽放，生机盎然；夏天的婺源，峡谷悠长，清风徐来，漫步雨后的古老巷陌，清新宁静；秋天的婺源，红叶飘落，庆丰晒秋，五颜六色的农作物铺满房前屋后，绚丽多彩；冬天的婺源，银装素裹，鸳鸯戏水，窝在火炉边听窗外雪花落地，祥和古朴。婺源的风景美不胜收也说不尽，唯有身临其境，方可感悟。

"功崇惟志，业广惟勤。"婺源将继续深入贯彻落实习近平总书记视察江西的重要讲话精神，自觉践行新发展理念，奋力打造全国乡村旅游及乡村振兴的示范和标杆，推动新时代"发展全域旅游、建设最美乡村"更上新台阶。

一钩新月泊湾中

潘 彦

月亮湾

　　"仁者乐山，智者乐水。"如果说，山水是中国人挥之不去的灵魂集聚地，那么月亮湾便是搜集旅人惊鸿一瞥的收纳盒。

　　月亮湾是普通的，在"村村皆入画，处处可为诗"的婺源，这个位于秋口镇石门村，距离婺源县城4千米的乐安河河湾看起来并没有什么特别之处。月亮湾又是独特的，默然藏身旅途的歇脚处，"采菊东篱下，悠然见南山"的惊鸿一瞥每每令旅人醉心不已。

　　月亮湾，因河道中一弯如月小岛而得名。岛如新月，湾似带钩。当奔腾的乐安河在秋口镇石门村优雅转身时，一处小且精致的江心洲恰到好处地点缀在河道中。那形制恰似一轮眉月，周遭依山傍水，水面平静如镜，隔岸徽派民居素净典雅，偶有三五农妇临流浣洗，一二渔夫泛舟其上，惹得旅人驻足不前。

如果说青砖黛瓦的婺源是墨色的，那么冬日的月亮湾便与之形成鲜明的对照。山舞银蛇，原驰蜡象，莽莽苍苍。在一片银装素裹中，小岛也洁白如璧，镶嵌在周遭泛青的河水中，而那河上偶有扁舟，渔人蓑衣垂钓其间。青白两色，寥寥数笔，寒江独钓的写意便展露无遗。

如果说稻花芬芳的婺源是彩色的，那么春天的月亮湾更是斑斓璀璨的。碧螺般的小岛沐浴在和风中，艳阳和煦，河流如碧，青山在雾霭笼罩中跌宕起伏，古村落在袅袅炊烟中若隐若现。金色的油菜花、翠绿的灌木丛、古朴的民居在这河流拐角处铺陈开来，错落有致，绚丽多姿，于素雅的底色上绽放得热烈而不张扬。

然而，画卷般的月亮湾却并不宁静。

首先是鸟儿。一种叫作蓝冠噪鹛的精灵，悄然栖身于这画图中，这种体型小巧的画眉科鸟类，顶冠蓝灰色，有黑色的眼罩和鲜黄色的喉，是分布于婺源县自然保护区的独立群体，因贪恋"乐安河国家湿地公园"的良好生态环境而栖身于此。

其次是人儿。河湾之处，河面开阔，水流平缓，历来便为渔人撒网垂钓佳处。而渔人们却不曾想到他们这些平常的生活画面会被迷恋月亮湾风景的游客一次次摄入镜头，成为"溪山垂钓"的经典作品。

于是，斑斓的鸟儿，垂钓的渔人，与停下脚步的旅人在这村落与河湾连接处相遇，组成了一场因优美的自然生态而起的和谐聚会。世代捕鱼为生的渔人此前并不知晓，这优美的河湾竟使自己成为镜头下的"网红"，一网撒去即便捕不到鱼儿，也能收获因风景而得来的财富。而村里世代脸朝黄土背朝天的农人也不曾想过，这个原本再普通不过的河湾竟然聚集了如此多"贪恋"美景的人儿，不费唇舌，也能在自家门口将家中晾晒的茄子干、新酿的米酒销售一空。而心心念念"中国最美乡村"的旅人，舟车劳顿前往景点，却不曾想纵使阅尽名山大川，最美的风景始终在路上。

一个普普通通的河湾，在"天人合一"的和谐生态下，不仅成为旅人路途中最美的风景，也悄然成为渔人、农人致富路上最美的风景。

清溪萦绕彩虹桥

胡兆保

彩虹桥

在婺源境内纵横多姿、碧波荡漾的溪河之上，横跨着众多的廊桥水阁，这些各具特色的古桥使山乡更为秀美。婺源廊桥中最引人注目的要数清华的彩虹桥。

千年古镇清华，以"清溪萦绕、华照增辉"而名。唐开元年间婺源建县，县治衙门就设在清华。自古以来，清华便是徽饶古道上的商贸重镇，彩虹桥则是婺北郹山古坦众多乡村连接外界的主要通道。

彩虹桥始建于南宋，立于上街河上，其名取自唐诗"两水夹明镜，双桥落彩虹"。桥长140多米，宽3.1米，全桥由高低错落的11座阁亭连成一条古朴壮观的长廊。桥墩与桥墩之间均以木梁横架，木板铺设桥面，木椽青瓦盖顶，廊亭两侧有危栏和长凳供行人观赏憩息。桥墩全用青石砌成，前端呈尖状，俗称"燕嘴"。四座桥墩宛如四只飞燕伸出桥廊，似欲昂首搏击长空。桥墩的设计很有特色，墩与墩之间的距离视河水流速而定，河水流速较快的地方，桥墩间距就较宽；流速缓慢的地方，桥墩间距就窄些。所以桥墩跨度最宽处为12.8米，窄处仅为9.8米。桥墩建筑要求非常严格，青石叠砌，严丝合缝，相互钳制，平整牢固。这几座桥墩历经数百年，经受过无数次洪水的冲击，始终巍然屹立。桥墩尾部粉墙阁亭，亭中设石桌石凳。盛夏时节，此间河风习习，绿波送爽，是纳凉歇晌的好去处。

彩虹桥是一座民用桥，既是婺北乡村通往外界的通道，也是清华人下田劳作、上山砍柴甚至舂米打碓的必经之路，所以廊桥设计简朴、实用。桥上的立柱横梁，所有木构件全部采用传统的榫卯结构，木构件采用凹凸结合的连接方式，榫和卯咬合、连接，一个构件榫头插入另一个构件的卯眼中，使两个构件连接并固定。没有雕梁画栋，不用名贵木材，桥面亦用老杉木铺设，桥廊上的红漆是前些年维修时工匠涂上去的，只为让这些木料多一层保护，不容易腐烂，却没想到彩虹桥几百年间竟从未这样"奢华"。

桥中阁亭的神龛内，设有三座神像。中间是古代治水功臣夏禹，又称治水禹王，当地人把禹王看作镇水的神仙，供奉禹王是希望禹王能镇住洪水，护佑廊桥。左右两位则是倡导并兴建彩虹桥的胡永班与胡济祥。胡永班就住在上街桥头，那时河边只有一座木桥，清华上街的农夫都要经过他家门前的木桥。木桥又窄又长，雨雪天行走很不安全。胡永班一到冬天，不管有无霜雪，他都会早早起床，拿扫帚上桥清扫，年复一年，一扫便扫了26年。胡永班发誓要在这里建一座水冲不垮、霜雪不滑的石桥。于是，他一边做生意攒钱，一边挖砂采石，筹备建材。林坑寺僧胡济祥主动承诺愿全力支持，出面去四方化缘，募捐赞助。他们历尽艰辛，终于建成了一座牢固永久的廊桥。后人为了世代铭记他们的功德，在桥上设神龛塑像以表缅怀之情。

彩虹桥上游的溪埠边，还有一处被称为"小西湖"的美景。明代吴派篆刻家文彭与皖派篆刻家、婺源人何震曾游览清华，文彭发现上街河边清溪萦绕，景色幽雅，于是欣然在岩石上刻下了"小西湖"三个篆体大字。

高奢桥

　　清华水下游不远处河对岸的高奢村，有一座高奢桥（又称种德桥），多年前被洪水冲坏两岸桥板，虽然没有完全修复，但仍表现出不凡的气势。

　　彩虹桥是自然景观和人文景观完美结合的产物，彩虹桥与青山、碧水、古村、驿道融合在一起，构成了一幅绝美的天然山水画。2006年6月，清华彩虹桥被列为全国重点文物保护单位，久在深山人未识的彩虹桥自此成了"国宝"。此后，随着婺源"中国最美乡村"旅游热度的提升，人们对彩虹桥的关注度也越来越高，彩虹桥曾频频登上今日热搜榜，游客好评如潮。不少电影导演也慕名来彩虹桥拍摄外景，在《魂牵柳桥镇》《爱在战火纷飞时》《暖》等电影中，都能看到彩虹桥秀丽迷人的画面。

　　2020年7月，天降暴雨，河水猛涨，奔腾汹涌的洪峰一次次冲击彩虹桥，肆虐桥面，彩虹桥东端引桥至二号桥墩的一段桥面被毁。县文物局和旅游公司在第一时间紧急联系下游各乡镇协助搜寻彩虹桥被冲走的木头构件。关注彩虹桥的热心网友也在网上发布了一则《史上最令人泪目的寻物启事》，请求沿河村民和广大网友帮忙搜寻被洪水冲走的彩虹桥木构件。县文物局和旅游公司看到了这则发自民间的寻物启事，非常感动，也发布了一则被网民称为"彩虹令"的告示，在微博、微信、抖音等平台同时发布，急切呼吁广大网友提供线索，并许诺将对找回古桥木构件的人给予奖励，可以终身免费游览旅游公司旗下所有景点。随后，又召开了新闻发布会。一时间，"彩虹令"在各大媒体"霸屏"！

彩虹桥大梁

"彩虹令"在清华河沿岸迅速传开，并收获良多。距离彩虹桥约10千米的金竹村民俞庆发、俞新沉父子发现河里有一根大木梁，他们猜想这根木头很可能就是彩虹桥上的。于是父子俩齐心合力把大梁捞上岸，等待文物部门鉴定运送。当地居民还找到了另一根大梁以及部分梁架、枋、平盘等构件。

彩虹桥2020年的遭灾受损事件，引发了一连串的爱心故事，登上热搜平台，掀起了一波波舆情热潮。婺源官方和网友对"国宝"彩虹桥的热忱关注，显现出了婺源人自古以来重视和保护传统建筑的责任和担当。

灵岩归来不看洞

胡兆保

　　1983年春，新华社等8家新闻单位的记者在考察婺源灵岩洞后，异口同声地赞叹："灵岩归来不看洞！"

　　灵岩洞位于婺源县境西北大鄣山乡通源观村，是一个神奇而又宏大的洞群。最早发现并对其加以利用的是唐代道士郑全福，他在此修真设观，至宋代时这里已成为著名的旅游胜地，千百年来不知多少文人骚客为之折腰。唐人吟诗赞颂："扪萝攀登步欹危，历览幽岩骇怪奇。泉石膏肓传亦久，神仙窟宅到何迟。"清人惊呼："兹洞千曲百折，奇景迭出，殆为地球上已发现之第一佳胜！"

　　莲华洞，位于通元观村西侧。洞多莲状乳石而得名。洞区面积约3500平方米。洞内有仙人书堂、群书堂等景观，乳石千姿百态。老君堂的老君石像，高达6.6米，白发披肩，天庭高突，寿眉如檐，眼窝深邃，他双手捧着盛装金丹的葫芦，目盯面前的炼丹炉，全

灵岩洞的钟乳石

神贯注。老君石像的斜对面，是莲华洞胜景之冠——莲华塔，此塔高10米，全身由晶莹如雪的玲珑乳石凝结而成。塔顶上有莲花绽放，团团簇拥，斑斓夺目。该洞最具趣味的是"和尚望天窗"景观：一缕光线从洞顶缝隙中射进洞来，照亮一尊貌似和尚的石人，恰巧面对洞顶光亮，小和尚双膝跪地，望天祈祷，又像欲爬出洞府的模样，神态可爱。早年乡间有一传闻，据说不育不孕的女子，只要用手摸摸这小和尚的脑袋，来年便能怀胎生子。于是，来莲华洞的游人越来越多，小和尚的脑袋也被摸得越来越光滑了。

涵虚洞，位于通元观村之南侧山腰。上下七层，底层与地下河相通，累高30多米，一层比一层瑰丽，一层比一层奇险。1981年7月，该洞尚未开发之时，笔者曾与县委报道组等数人陪江西日报记者进洞探访。由村民4人打火把，佩柴刀，扛长梯绳索引路。进入第三层时，因洞层太深，村民先将绳索与长梯连接，再将长梯并绳索徐徐下放。梯子落稳后，大家再一个接一个，先抓住近百米长的绳索往下吊，再顺着长梯向下爬。下达第五层时，依然先结绳索再放长梯爬下去。最惊险的是通过"剑脊"崖时，那座石崖狭如刀刃，长约数十米，突兀陡峭，想爬过去都艰难。匍匐在崖石上，两侧深不见底，大家只能小心谨慎地移动身体，心头不住地打战。历险之后，洞府的佳胜绝景更层出不穷，色白如玉的乳石凝成"鲲石南溟""江豚鼓浪""仙槎泛海"等奇景，底层地下河彩幔遍布，五彩缤纷，恰似龙宫景致，别有情趣。

灵岩洞最令人感叹的是，洞府深处留存着历代古人题墨2000余处。这些密密麻麻、层层叠叠的古人题墨始于唐，盛于宋明，延至晚清。唐人的题墨已经斑驳陆离，年号人名依稀可辨。宋元及其后者，虽经千百年风蚀水湮，字迹仍清晰可观。最早的是唐会昌四年（844）郑全福的题记，以及唐大中十一年（857）的题名。宋抗金名将宗泽、张俊在洞中均有题字。灵虚洞更辟有"岳飞勒铭"，相传岳飞领兵过婺源，游此洞时，曾用兵器刻写"岳飞到此"4字。游人对此兴趣大增，纷纷你唱我和，数百米洞壁多为吟诵岳飞的诗篇。宋代大儒婺源人朱熹眷恋乡土，游后也不忘书写"吴徽朱熹"。

灵岩洞内的朱熹题墨

题墨最多的是涵虚洞。一层一层往下走，最先可见清人题词，再及明，后元、宋、唐，愈到底层年代愈久远。底层还有清代婺源进士、诗人、科学家齐彦槐题写的"云垂海立，第一洞天"8个大字，特别醒目。从底层依次上数，有唐大中御史中丞卢潘的题墨，有宋代婺源进士王汝舟和诗人王愈的诗句，有明代婺源进士、给事中戴铣的留墨。时间最近的大概是1936年题写的"全世界无产阶级联合起来"的大字标语。1936年前后，正是以鄣公山为中心的皖浙赣游击根据地革命活动最红火的时候，当时通元观一带都是红军游击区，灵岩洞显然是红军开展革命活动的好场所。

此外还有凌虚洞、琼芝洞、卿云洞、萃灵洞等岩洞，洞内乳石造型形态各异，各具风采。凌虚洞因高于涵虚洞之上数十米而名，洞内有珠帘垂挂、月窟仙蟾、伯乐相马、云谷游龙等景观。琼芝洞钟乳石多如芝状，乳石晶莹，奇秀如云，有群仙赴会、昆仑积雪、琼芝献瑞、玉龙渊等景观。卿云洞洞府幽深高广，乳石倒挂，溪流碧水从洞内贯穿而过，有雄狮仙柏、百鸟争喧、芝田绣墩等景观。萃灵洞洞内石花铺地，石柱擎天，石幔如云，有果老骑驴、百灵仙境、镇海神针等景观。

　　1982年，婺源县委、县政府对销声匿迹数百年的灵岩洞进行勘察。1983年，新华社等8家新闻单位记者对灵岩洞进行考察、宣传。1986年11月，《人民日报》（海外版）刊出题为《景绝尘寰、翰墨遗香——婺源灵岩洞重现奇观》的专题报道。1988年5月，国家林业部经派员查实后，批准建立灵岩洞森林公园。1992年11月，县政府在通元观村召开现场办公会议，就洞群开发等事项作了具体安排。1993年5月，经国家林业部批准，灵岩洞森林公园定名为婺源县灵岩洞国家森林公园。1995年7月，江西省政府定森林公园为省级重点风景名胜区。

　　灵岩洞国家森林公园集资新建公园牌楼、景区办公楼、停车场、公厕等配套设施。开发建设涵虚洞、莲华洞的洞内旅游线路、灯光设置，架设千伏高压输电线路22千米、低压输电线路6千米，以及登山石阶、外游设施和游客服务中心等。

　　涵虚洞于1994年3月开放迎客，莲华洞于1997年9月开放迎客。按照县委、县政府关于"坚持保护中开发，开发中保护"的原则，"景绝尘寰、翰墨遗香"的灵岩洞终于正式向世人开放。

梯田花海看江岭

潘 彦

婺源的春是属于油菜花的！

李白说：烟花三月下扬州。其实，烟花三月何必下扬州，"婺里看花"的江西婺源有着最值得回眸的景致。婺源的春天，自始至终是金黄色的注脚。每逢春的暖风袭来，十万亩油菜花田竞相绽放，与小桥流水、粉墙黛瓦构成一幅天人合一的绝美画卷。

江岭

而江岭，便是这幅山水长卷中最令人惊艳的画面。

　　江岭，位于婺源县东北部的溪头乡，距县城45千米，是一个总面积约为38平方千米的秀丽山谷，若非油菜花，在举步皆景的山区婺源，此处必定平平无奇。油菜花，学名芸薹，二年生草本植物，花朵鲜黄、萼片长圆、花瓣倒卵。若非江岭，在花团锦簇的婺源，花期不过月余的芸薹亦如昙花一现。

　　"金风玉露一相逢，便胜却人间无数"，也不知是平淡无奇的江岭成就了油菜花，还是油菜花成就了平淡无奇的江岭。只知晓江岭与油菜花的天然契合，成就了婺源田园风光蜚声海内外的奇迹。

　　江岭的美是色彩斑斓的。每当春暖花开之时，置身于江岭万亩梯田中，那扑面而来的景象，宛如一大桶颜料随意泼洒在一张白纸上所渲染出的印象派画卷。那耀眼的金黄底色中，青的山、绿的水、蓝的天、白的云点缀其间，春的意境跃然其表，任何语言的描述在这大自然绘就的意境中都顿觉苍白无力。

　　江岭的美是层次分明的。置身谷底，粉墙黛瓦，山环水绕，是"绿树村边合，青山郭外斜"的田园惬意；越至半山，菜花金黄，绿树成荫，是"俏也不争春，只把春来报"的悠然自得；登上峰巅，是"会当凌绝顶，一览众山小"的豪迈快意。站在山头，俯视层层梯田，如链似带，高低错落，长短衔接；碧水蓝天交相辉映，如诗如画，点缀着民居的粉墙黛瓦，分外温柔可亲。在这里，大自然的鬼斧神工将古树、溪流、梯田、农舍、菜花一一放置，犹如一幅精心构图的水墨丹青，人与自然亲近和谐的"天人合一"得以完美展示。

　　满园春色终归藏不住，江岭的美注定为世人瞩目。1987年春，著名华人摄影师陈复礼跨越千山万水来到江岭。他登高临下，目力所及，远眺峰峦雄伟、云雾缭绕，近观梯田如链、溪流逶迤，加之黄花绿树、粉墙黛瓦，恍若天上人间、世外桃源。在感叹此处为"中国最美乡村"的同时，他还创作了名为《天上人间》的摄影作品，一举摘得国际摄影大赛金奖，"中国最美乡村"的美名从此名扬海内外。今时今日，无法揣度陈翁当时之心潮，只知从2014年央视"新年第一缕阳光"直播到2015年"春天的脚步"全国直播，江岭梯田花海屡屡出现在镜头中，为全国观众所熟知。

千秋无绝色，悦目是佳人。

今日的江岭，更是新时代婺源"全域旅游"发展的缩影。近年来，婺源跳出传统意义上单纯种农作物油菜的思维，以"种植风景"的理念种植油菜，用"全域旅游"的理念打造花海，全域赏花游催生出"美丽经济"，用"美丽经济"的理念实现创收，连续多年下发了《关于鼓励进一步扩大油菜生产的几点办法》，并设立油菜种植基金，对种植油菜进行考评奖励。全县油菜种植面积超过11万亩，主要公路沿线两侧100米左右可视范围内油菜种植覆盖率均超85%，景区景点周边可视范围内油菜种植覆盖率更是超过了90%。每逢油菜花季节，全县接待游客500万人次以上，综合收入超过30余亿元。江岭的田地也在这股"春风"中统一进行了流转，县旅游集团统一栽种油菜，使之更为整齐美观。每年春季，金黄的花海，观景的人潮，热闹的车流，在蓝天白云下形成一道独特的风景线。

"黄蕚娇妍绿叶稠，千村早备榨新油。爱他生计资民用，不是闲花野草流。"昔日平淡无奇的江岭与寂寞开放的油菜花，在新时代的"春风"中悄无声息地完成了华丽转身。

赏枫——石城、长溪红似火

方跃明

秋天的婺源，到处是温暖的颜色，犹如南方冬天到来前人们早早预备的暖色调：火红、热烈、鲜艳、活泼。而石城与长溪这两个久处大山深处的村庄，则是婺源众多美丽秋景中的佼佼者。有人说石城的清晨雾气和炊烟中的火红枫树，美得仿若仙界；也有人说整个长溪就是一幅"犹抱琵琶半遮面"的绝美画卷。

石城

石城枫美胜员峤

石城山，位于婺源县大鄣山乡境内，自古以来，这里就有"十里埋伏""韩信点兵""吕仙山泉"等景点。据说，在南宋绍兴元年（1131），岳飞领兵征讨李成的时候，曾经到过石城，并在石壁上用枪尖留下了"石城"两个铁画银钩的大字。

得益于自古以来敬畏生命尊重自然的古训，石城，不仅是坐拥喀斯特地貌的千亩石林，也是一座天然的植物博览园。村里众多的名贵古树名木，如白玉兰、豺皮樟、山樱花、楠木、红豆杉、三尖杉、榆树、糙叶树、青栲、槐树等，都有着几百年的历史。而其中最让人惊叹的，还是这里的百来棵枫树。这些枫树每棵树高都在35米以上，一到秋天，枫树开始变红，整个石城层林尽染，万山红遍。特别是在朝阳初上、炊烟袅袅的时候，蓝天、白云、粉墙、黛瓦、红枫、绿树以及逶迤高峻的山梁，犹如一幅意境深远的秋山图。

秋天来了，伴随着公鸡的打鸣声登上戴村的山坡，可以俯瞰程村正被一棵棵巨大的枫树环抱，红叶在晨雾中若隐若现。加上逐渐浓稠的炊烟四处弥漫，在这个四面峰峦的盆地中，构成了烟雾缭绕的人间仙境。那炊烟、那晨雾，飘飘袅袅、娉娉婷婷，时而缓缓飘荡，时而凝固空中，时而挂在树梢，时而缠绵在门前屋角，远远望去，使人顿生如醉如痴、如梦如幻的感觉。秋越浓，石城的颜色就越红，晨雾、炊烟、粉墙、黛瓦，以及挺立在村落周围的千年红枫与斑驳的马头墙相互掩映，浑然一体。在这里，人们分不出是人间还是仙境；在这里，人们能品出梦境般世外桃源的韵味，有种返璞归真和超凡脱俗的感觉，令人神驰物外，陶醉其中……

对摄影爱好者来说，位于程村与戴村之间的小山坡是在石城中拍摄红枫的最佳地点，可以在选好位置后，进行逆光或是侧逆光拍摄。至于戴村，则可以选择在两个村庄之间的山坡顶上俯拍，从程村过来的烟雾一阵阵地飘到戴村，拍出来也是如诗如画。当然，在拍完程村或者戴村的全景之后，还可以走进村里，选择性地拍一些富有浓郁地方特色的小景。至今仍然保持着古朴风貌的这两个村庄，会因为人们的敏锐发现，而为石城之行画上一个满足的感叹号！

在石城，还有一条可以通往另一个红枫拍摄基地——长溪的青石板路。沿着群山中的悠悠古道下行，秋色浓郁，落英缤纷，一路上有茶亭、石桥、土墙屋、清溪和稻田、古树相伴，一派安逸、恬淡、幽雅、自然的田园风光，简直美不胜收。

长溪枫色人间少

长溪，是一个激情燃烧的地方，特别是到了"霜叶红于二月花"的季节，这里漫山遍野、一片火红的枫树林，以红彤彤、鲜艳艳、亮澄澄的姿态，铺天盖地展现在人们的面前，给人以烂漫、纷呈、温馨的感受，也将整个山谷的气氛渲染得高涨又热烈。一条有着几百年历史的青石板路，沿着山的走势，蜿蜒而上，向山的更深处无限延伸。黝黑的石阶上，到处堆积着厚厚的、金黄的或是红褐色的三角枫，两边全是高大挺拔的枫树，偶尔也有几株其他古老的树种混杂其中。走在有些古朴、略显荒凉却风采依旧的山间小径上，一种惬意的、完全淡去红尘喧闹和繁杂的心境，油然而生。而漫山遍野的江南秋色，更让人流连忘返，如痴如醉。累了，就依偎在千年香枫的枝干上小憩；渴了，就随便找一条小溪，俯吸几捧甘洌的山泉。然后，发千古之幽思，感万物之变化。

长溪

155

　　婺源封山育林的政策早已深入人心，甚至在每一个村里，都有村人自建自理的保护小区。雄踞耸立在长溪路口的五虎将军树，就是婺源人对环境保护的例证。这五棵传说是长溪始祖戴匡德卜居时亲手倒插成活的枫树，如今远近闻名。站在这里，放眼望去，清一色的古老砖瓦房，密密匝匝地布满了整个山谷，显得格外古朴和凝重。村前屋后的菜地里长满了各种各样的蔬菜瓜果，一条清澈的溪水从村边静静地淌过，将上、下长溪紧紧地串联在了一起。早晨，当村头嘹亮的鸡啼响起来的时候，青白色的炊烟也慢悠悠地从各家各户的烟囱里袅袅升起，像一位刚刚睡醒还来不及梳妆的少女，半遮半掩，羞羞答答，此时的长溪又恍如一副"犹抱琵琶半遮面"的绝美画卷。而当第一缕阳光掠过对面的山头，飘洒在家家户户的檐头屋角的时候，西山的红枫也发出了更加光彩耀眼的光芒。

　　秋天的长溪，到处都是诗情画意的景象。村外蜿蜒的石板路，随着山峦的走势，时而裸露在行人的视线里，时而隐藏在茂密的树丛中。路上铺满了厚厚的金黄色和红褐色的树叶，随着人走的脚步，发出让人惬意的带有节奏感的沙沙声。而树底下，古道边，还有许多叫不出名儿的花，带着红的、白的、粉的、紫的和黄的颜色，散发出一股股淡淡的幽香。姿态千娇百媚，格调异彩纷呈，在略显暗淡的阔叶林中，异常地引人注目、鹤立鸡群。森林里，也会时常响起清脆的、纷繁复杂的、各式各样的鸟鸣声。此起彼伏，婉转悠扬。

第六章

婆源交通

筚路蓝缕

毕新丁

　　自秦汉以来，中国陆路交通的道路，按类型分类，历经了"畛"（田间步行道路）、"径"（通行牛马的道）、"涂"（可容纳二辆车行驶的道）、"路"（可容纳三辆车行驶的道）、现当代的公路（含砂石路、水泥路和沥青路），以及铁路、高速公路、高速铁路的发展过程。

古道与高速公路

　　而按地形分类，古道有栈道、峤道、隘道与大碛路等类别。栈道，是经历了自战国秦惠王时期开建的一种傍山开凿石穴，嵌杂木为梁，铺以木板的山崖道路。峤道，即山岭道路。公元83年，东汉章帝时期，由郑弘开通了零陵至桂阳的峤道，于是天下人效仿，山岭道路成为常见道路。隘道，是傍山开凿的狭而危险的道路。大碛路，是指新疆维吾尔自治区境内沙漠地区的道路，始于唐太宗时期。

　　若按干线分类，古道有驰

道、驿道、官道、商道、官商道等类别。驰道，是一种行驶马车的干线道路。秦始皇为巩固统一，于公元前220年开始修筑驰道，通达各主要城市治地。驿道，为传车、驿马通行而开辟的大路。驿道历经魏晋南北朝、唐、宋、元、明、清各代。官道，是宋代民间的称呼，即主要道路。商道，主要作为通商贸易的道路，如通西域的"丝绸之路"等。官商道，即将商道与官道合二为一的道路。

清光绪三十三年（1907）东北改为行省后，取消了旧有驿站，将原有驿道改称为"官商路"。1913年1月，民国政府不堪全国官道上驿站的庞大财政开支，宣布裁撤全国所有驿站。

婺源县地处江西省东北部，是赣、浙、皖三省边界区域，历史上的交通，除大碛路、驰道外，其他类型的古道都曾出现过。时至今日，有些古道，如峤道、驿道、官道，以及极少的砂石公路还在为民所用。

昔日婺源陆路虽闭塞，但大自然为婺源留下了一条通达鄱阳湖的星江，其交通与运输地位不言而喻。旧《婺源县志》记载：婺源"走饶则水路险峻，鼓一叶之舟；走休则陆路崎岖，费肩负之力……"

为破解出行难题，不断突破"山限壤隔"的封闭，获得更大的生存空间，一代代婺源人前赴后继，做出了艰苦卓绝的努力。"唐开元二十八年（740）婺源建县，此时州府与县衙有驿递、驿道互通……""龙纪间，曹仲泽建曹公桥于汪口。至明朝，曹珏、曹俊重建，后倒塌，珏孙曹鸣远复建……"这些内容，是官方《婺源县志》对婺源交通状况最早的记载。

出于社会发展等需要，民国时期婺源县政府曾几度致力于改善婺源的交通条件。如1933年曾修筑过婺白公路及县城的环城公路。1932年至1937年修建完成香屯—店埠（德婺线），全长50千米，但未通车。1936年测勘完婺屯公路，却未动工。1937年修筑过景婺公路。1941年修筑过军用手车道婺休段，未完成。还修筑过婺源—弯头全长45千米的公路，以及白石界—濠岭村全长20千米的公路。后两条均动工但都未竣工。这样的交通状况，严重影响了婺源社会经济的发展。

中华人民共和国成立以后，婺源县各级政府带领全体婺源人为此进行了不懈的努力，使全县的交通运输事业有了史无前例的大发展。70多年的交通发展历程，大致可分为两个重要阶段：

第一阶段是在1951～1985年，在水路交通依然繁忙的情况下，婺源的陆路交通迎来了新发展。先是组织专业队伍，对水路进行航道炸礁、扒砂疏浚；后又实行民工建勤，在陆路修筑桥涵、复建婺白线、通汪中线、搭汽车渡、建星江大桥……虽然力量使尽，脑筋伤透，婺源交通状况仍不尽人意。此为第一阶段。

第二阶段是在1986～2019年，婺源县的交通运输事业取得了质与量双飞跃的大发展。30多年来，县委、县政府审时度势，开拓创新，带领全县人民主动出击，围绕快速发展地方交通的战略目标，实现了国道、高速公路零的突破；京福高铁驶进婺源，结束了"中国铁路之父"的故乡无铁路的尴尬；随着衢九铁路的通车，昔日的山区婺源正成为通达四方的重要交通枢纽。

今天，当我们行走于婺源村落山水之间，车行于"中国最美乡村"大地之时，无处不是康庄大道。那些修筑在崇山峻岭中雄伟坚固的驿道，那些与古道风雨相伴的古亭，那些多姿多彩的古代桥梁，那些岸边岩石沙滩上累累的纤道踏痕，那些完好无损蕴满记忆的溪埠码头，不禁让人心生敬意、感慨万千。

近年来，婺源县致力于落实习近平总书记关于"进一步把农村公路建好、管好、护好、运营好"的重要指示，积极营建"四好农村路"。2017年8月24日，交通运输部授予婺源县首批"四好农村路全国示范县"荣誉称号。如今，这种横贯婺源之东西，纵连婺源之南北的四通八达的交通大格局，必定为婺源乃至赣、浙、皖三省边界社会经济发展做出更大贡献。

回顾婺源千年的交通历程，波澜壮阔；婺源百年的交通步伐，步履艰辛；婺源半个多世纪的交通奋斗，硕果累累。本章较全面地记录了古代婺源人铺路筑桥、砌岭架亭的艰辛，为研究、借鉴婺源筚路蓝缕的交通事业的发展规律，留下了宝贵资料。向前人致敬，为后人存史，从中不断获取建设美丽家乡的精神力量，这就是本章的意义所在。

　　全县人民把交通建设放在先行的战略地位，正撸起袖子加油干，做着前人没有做过的伟大事业，用智慧和汗水，在钟灵毓秀的书香大地，再次描绘婺源交通运输事业优美的画卷，书写交通运输事业新的辉煌篇章！

五岭，回首苍烟石垒封

汪发林

五岭塔岭

五岭变迁溯源

唐玄宗开元二十八年（740），朝廷在平定洪真起义军后，析休宁县的回玉乡和乐平县的怀金乡，合并创置婺源县，县治设在清华。昭宗天复元年（901）朝廷下令把县治迁到弦高镇（今紫阳镇），并延续至今。县治设在清华的160年里，婺源通往歙州（新安）府的郡县驿道大致为：

清华—凤山—虹关—岭脚—浙岭—梓坞—板桥—花溪—溪口—歙州府。县治移至弦高镇后，仍走浙岭显然路程较远，多有不便，于是"抄近路"就成了必然选择。

婺源东部有"五岭"，是婺源县城迁至弦高镇之后，通往徽州府的必经之路。"五岭"起于何时，已难有准确资料可以考证。从现有资料推测，远在婺源建县之前，"五岭"其实就已经存在，只不过那时还不是郡县古驿道，而是休宁县境内的乡村通道。

登云桥

唐代的通郡驿道，由中平经大畈，到休宁黄茅。但是，沿途溪涧曲折，特别是梅雨季节山谷洪水暴发，桥梁、道路常被冲毁，造成交通阻断，行人苦不堪言。北宋时期，大畈善士汪绍捐出大量赀财重新开辟道路，从芙蓉岭、对镜岭、羊斗岭、塔岭直抵黄茅，不但比旧路近了7.5千米，而且道路主要从山坡、山脊通过，尽量避开了沟壑、峡谷，因而再无水患之忧。

元代，枢密院判汪同捐赀募工，把先祖汪绍开辟的驿路进行修复拓宽，成为通衢大道。明代万历年间，知县谭昌言开通金竺岭，取代芙蓉岭，成为婺东"五岭"的最后"定板"，一直延续至民国初期，这里都是婺源县衙通往徽州府的必经之路。

谭昌言开辟金竺岭

谭公岭原名金竺岭，起点在如今江湾镇卫生院附近的"新坑桥亭"，过禄源新村上岭，到溪头乡茗坦村，全程约7.5千米。

金竺岭开通以前，从婺源到徽州府，要道经中平、岭脚，登上芙蓉岭，行人皆苦其险。正因为芙蓉岭高峻险峭，当时江湾、溪头之间往来多有不便，民间已经自发开辟山间小道，名曰"金竺岭"，较之芙蓉岭可省去5千米路程。开辟金竺岭为官道，在民间的呼声日益高涨。

明万历三十二年（1604），谭昌言调任婺源县令。他也经五岭入婺源，但见一路山峰险峻，千仞悬崖之上，鸟道迂回；路过的行人常常需要手攀藤萝，在陡峭的山路上小心踯躅；婺东的食盐、大米、布匹、百货等必需品，都要靠这条山路运进来，那些肩挑背驮的苦力，"背为舟，踰为车"，挥汗如雨，浑身湿透，喘息声、呻吟声声彻如雷。谭知县见此情景，不禁吁嘘嗟叹，"揽辔太息久之"。

谭昌言到任后，江湾生员江起潜、江旭奇等呈请开辟金竺，谭县令允准，并带头捐出薪俸，并动员全县富商、绅士捐助。他征集民工凿山劈石，由西而东全部铺上约1.7米宽的青石板，险处还建石栏。东西两侧山腰及岭头皆有路亭设缸烧茶，供路人、挑夫歇脚解渴。谭昌言还把中平铺改为烈矶铺，又撤去芙蓉铺，另立金竺铺，使谭公岭作为郡县古驿道的基本设施日趋完备。

事实上，开辟金竺岭工程如此浩大，虽官民动员，男女上阵，众志成城，但也难以在短时间内完成。就在金竺岭全面开工、如火如荼的时候，明万历三十三年（1605），谭昌言因父亲去世，请假回乡守孝，此后接任婺源县令的是浙江平湖进士金汝谐和浙江慈溪进士赵昌期，他们继续谭昌言开辟的事业，殚精竭虑，久久为功，前后花了6年时间，终于建成了金竺岭（谭公岭）。

从对镜岭到羊斗岭

对镜岭的起点在"茗坦",终点在"牌楼底",长度约4千米。茗坦是溪头乡砚山行政村的一个自然村,现有40多户160余人。

穿过茗坦村,就踏上了对镜岭。传说此前岭头有一庵堂,庵内有2块巨大的磐石,其形如圆镜,相对而立,故称"对镜",是当地一处有名的奇异景观。传闻中有一县令来婺源上任,路过庵堂,出于好奇,用手去触摸,结果石镜现出他前世竟然是头肥猪!县令气急之下,当即命随身差役把石镜砸毁。

从岭顶往下走,道路比较荒凉。古道几乎是沿着溪涧穿行,古树浓郁,野草蓬勃。涧水淙淙,鸟鸣阵阵,共同演奏着大自然的天籁。

对镜岭脚下有一座单孔古石桥,长约12米,宽约2米,高约5米,桥身爬满藤蔓。过石桥后,再走过一个小山坳,就看到牌楼底村,那便是对镜岭的终点,也是羊斗岭的起点。

由牌楼遗址出村,沿小溪上行约1千米,就到了官亭铺。村子不大,新屋不多,而且大多是人去屋空,只留下"铁将军"把门。从官亭铺过岭脚村,就真正踏上了羊斗岭,但基本都是水泥铺路,已看不到古道的痕迹。

沿公路走500多米,就到羊斗岭的岭头。此处山坳地势开阔,竹林茂密,青翠欲滴。传说岭头原有两块白色的大石头,仿佛是两只羊在顶角相斗,互不相让。但现在已看不出两侧山石有羊斗状,羊斗岭的传说只能留给人们无尽的猜想了。

羊斗岭北坡比南坡要陡一些,站在岭头就可看见谷底的塔坑村。公路因降坡需要绕个大"之"字,使古道得以保存约300米长的路段,且石板相对保存较好。

走完古道后又见公路。左前方山体像被斧劈一般突现一道狭长的裂缝,两边是陡峭的悬崖,中间是淙淙的溪流,这便是著名的百丈冲峡谷。旧时溪头人家前往徽州府,就是从百丈冲上正道的。

过了塔坑口的成安桥，就走进了塔坑村，那是羊斗岭的终点，也是塔岭的起点。

从塔岭到新岭

塔坑，又称"里塔坑"，是个毕姓聚居的村落，隶属上溪村，现有44户126人。历史上的塔坑人以卖柴为生，但如今村庄凋敝，年轻人大多外出打工了，只留下老幼病弱在村中孤守。

出塔坑村，就登上了塔岭，是婺源与休宁的分水岭。据民国十四年（1925）《重修婺源县志》记载，明正德八年（1513）休宁县令唐勋曾带兵在这条岭上大败江西姚源洞寇王浩八，故又得名"得胜岭"。清咸丰年间，太平天国石达开部队也在这里被清军打败溃散，当地至今流传着当年石达开在塔岭某处埋藏金银珠宝的谚语："塔岭洞，饶岭边，十八担零一千。谁人寻得着，富过江南半边天。"

翻过塔岭，山下就是安徽省休宁县岭南乡的外塔坑村。然后过黄茅坦到新岭脚，开始登新岭。新岭是五岭中唯一一条全程都在休宁县山斗乡境内的古道，从新岭脚到山斗约5千米，竟有高钟桥、裕道桥、麒麟桥等9座石桥。

山斗位于休宁县南部，群山环抱，形如斗状。古徽州人南下婺源，远走湖广，都要从山斗开始翻山越岭，因此山斗成了古徽州一处重要的商旅集散地，也是南来北往的"交通枢纽"。如今尚存大燕岭、小燕岭、五岭等多条古代交通要道。

从江湾到山斗，五岭全程约35千米。徽州人对于挑担过五岭有着刻骨铭心的记忆：无论是"挑休宁担"还是"挑江湾担"，都要肩挑背驮，起早摸黑，来回三天工，极其艰辛。

随着时代的变迁、交通的发展，这条串联婺源与徽州的古驿道已经人迹罕至、道路荒芜，但千百年来这条古道上的无数足音，却时常在我们的记忆深处隐约回响。

平鼻岭——白云深处是吾庐

方跃明

平鼻岭，又称"糠皮岭"，蜿蜒盘曲于六股尖下的莽莽丛林里，是古代婺源北经休宁通往黟县、祁门的重要通道。该岭起于婺源县沱川乡塘窟村，止于安徽省休宁县汪村镇岭脚村，全长约10千米，早在宋代就久负盛名。南宋江西提举常平事、婺源许村人许月卿途经平鼻岭时，曾写下《登平鼻岭》，诗曰：

> 冉冉晴岚渍客裾，跻攀直上接层虚。
> 落花啼鸟山逾寂，片石长松画不如。
> 绝巘岿然凝晚照，白云深处是吾庐。
> 缅怀当日太行路，今古行人覆几车。

气势恢弘的擎天石

婺源多山，沱川尤甚。地处赣皖边界的塘窟，更是层峦叠嶂，形若铁桶。沿着前人的足迹，我们在山与山的褶皱里找到了隙缝，跟随着古老的石板路向前行进。行不多时，叮咚的泉水，葱茏的林木，烂漫的野花，以及清新的空气，婉转的鸟鸣，似乎让人忘却了刚出发时那种对山的恐惧与对脚的担忧。

此时的沱川，除了静默的山和欢笑的水，茶园自然成了点缀这方风景的最佳映衬。婺源是绿茶之乡，沱川则是婺源传统高档茶叶的主产

167

平鼻岭上的摩崖佛像

区，历史上素有"采不尽的沱川茶"的赞誉，年产量最高时超14万公斤。与沱川茶叶一样久负盛名的擎天石，就在塘窟去往平鼻岭头的茶园边上。一大一小，巍峨耸立，相互映衬，颇具气势。而古道恰好从这两块巨石中间穿过，既不影响巨石的位置，也毫不妨碍行人通行。

如房子般高大的擎天石，就这么静静地伫立在路边，注视着一代又一代过往行旅的足迹。大的那块高十多米，宽五六米；小的那块高也有三四米。小的那块石头正面中央还刻着一尊观音菩萨的雕像，栩栩如生。据传，这座佛像暗藏玄机，当年有位商人携着一个内藏黄金的包袱从外地回乡，在这附近遇到了强盗的追杀，商人赶忙将包袱藏在附近山涧的林中，并在佛像上做了一个简单的记号。后来，这位商人总算躲过了一劫。几天后，当他再次返回想凭佛像的记号找回那包袱时，却因为当时的匆忙与恐惧，早已忘记了具体记号。最终，只留下了一个凄凉的故事。

环境保护的见证人

离开擎天石，过了渡桥头，便是相对陡峭的十八弯。十八弯俗称"三百坎"，又名"猪鼻径"，有"上岭鼻贴坎，下坎脚打战"之说。而平鼻岭之所以被人们冠以"平鼻"之称，据说有两个原因：一是因为登山台阶与鼻梁平齐，二是指山道像削平的鼻梁一般陡峭。虽说法不同，但含义一致，都表达了山高路险，不易行走之意。

绕着山腰盘旋而上，山里的风光与外面的景致又不尽相同。一路行来，但见山谷清幽，光影斑驳。草木葳蕤，树林阴翳。青苔铺地，鸟雀传音……

闻着树的香味，挽着风的臂膀，不经意间，山坳处突现一座石茶亭。说是一座，其实是贴得很近的两座。旧的那座规模较大，不过如今已几近废墟，只有石门框还顽强挺立着。新的茶亭，规模略小，是2007年由赣皖两地边界的村民共同重修的。亭子的墙上还钉了一块长木板，上面密密麻麻地写着出工出劳修缮路亭的人员名字。

旧石亭的门口，有块关于禁止锄种的石碑，是古人保护生态的乡规民约：

禁　碑

中川公议，平鼻岭严禁锄种。种山者，上离路一丈，下离路二丈。毋得开种，违者重罚，决不宽究。助银述后：大众共捐洋九十二圆。

余源庆捐洋三十圆。

无名氏捐洋四十圆。

经理人捐洋二十二圆

光绪七年桂月日中川公立

碑文反映了徽州人对水土保持的重视，只有保护好生态环境，有丰茂的植被才能保证古道的安全。因此，小小一块碑，寥寥几句话，既体现了婺源人悠久的生态环境保护传统习惯和经验做法，也彰显了婺源人自古以来就有"既要金山银山更要绿水青山"的生态意识。试问经常辗转山乡的读者，你们也许听过看过不少禁山护林护笋、禁河护鱼等的碑记，可曾听说过有禁林护路的事例？沱川先民的这种智慧，真可谓高瞻远瞩，使人钦佩。

饱经战火的平鼻岭

平鼻岭头是婺源与休宁的县域分界，也是江西与安徽两省的分界点。出了平鼻岭头继续向北，便是安徽省的辖区。过去设在岭上的茶亭，因为人们改走公路而失去方便行人的作用，5座已坍塌2座。但岭头上的古战壕、机枪掩体、瞭望台、碉堡等战场痕迹却还依稀可辨。山下岭脚村头的那棵桂花树，则是当年红军与国民党军队战斗的"历史见证人"，桂花树上至今有好多处因枪击而留下的弹痕。

根据旁边一块简易的"路牌"提示，我们不妨回忆一下当年发生在平鼻岭上的战事：

清咸丰七年（1857）五月，太平军石达开一部从平鼻岭前往婺源，结果在中岭头遭到沱川廪生余铨桂组织民团的猛烈攻击，双方死伤数十人，太平军被迫折回。第二天，太平军主力部队来临，与民团再次交锋，结果沱川民团溃不成军。

平鼻岭上的三益桥

1936年10月，红军在小岭头伏击国民党杨自立部，灭敌小分队一个。

1937年1月，红军独立团在平鼻岭伏击敌四十六旅，生俘敌连副一名，死伤敌军数十人，缴获步枪80余枝。

1935年12月，红军独立团30余人经郭公山入皖，突遇暴风雪，被活活冻死在六股尖上……

平鼻岭北麓休宁县境内的岭脚、田里、石屋坑三个自然村，俗称"田里三村"，均是古代婺源人翻越平鼻岭迁入而形成的。建在北麓山下的"三益桥"，也是当年婺源人筹钱置办的"嫁妆"，以方便亲人出行。桥名"三益"，意为让这三个村庄都能受益。时至今日，三益桥仍是这三村村民出行的便利通道。

三十里垰，盘踞三省起苍龙

汪发林

婺源东北部与浙江开化、安徽休宁交界。这里群山连绵，沟深壑险，颇像婺源的"十万大山"。其中的三十里垰，仿佛是盘踞在三省交界地的一条狂野苍龙，层峦叠嶂，气势雄伟，悬崖深谷，飞瀑流泉，是户外活动爱好者格外钟情的一方山水。他们徒步的路线为：言坑—野龙坑—朱汰坞—三十里垰—钟吕。

风味言坑

言坑，建村于南宋。始迁垰祖毕文进系进士出身，曾任歙县县尉。他于南宋绍兴年间迁此建村，并根据《孝经·圣治》中"孝莫大于严父"之语取村名"严溪"。后人为读写方便，改严溪为"言坑"。

从屏风冈流来的溪水呈"丫"字形，将言坑分为里外两个村庄。村中的小河上架有木桥、石拱桥、平板桥11座，有着小桥流水人家的宁静和安逸，仿佛是遗落深山中的"世外桃源"。

言坑生态资源极佳。村后的后龙山上，有香枫200多株，树龄都有几百年。每到深秋，枫叶如红云漫天，景色迷人。由于深处大山之中，植被良好，水资源极佳，所蕴藏的量大质优的水资源，滋养着世世代代的言坑村民。

言坑水口的古石桥、五猖庙，与村东的米山庵，村南的禅林安生寺，昭示着这里久远的历史；笋干、山蕨、苏菜、板栗、鸡心栗、猕猴桃、杨梅、鹰钩（鹰嘴龟）、无鳞鱼（又名山泥鳅）、粿杂饭、生娩豆腐、红花山茶油等地方特产，证实了此处物产的丰饶。言坑的民俗也很有特色，比如中秋节，外村用禾秆扎草龙灯迎舞，里村用毛竹缚满点燃的线香做成桂花灯。中秋之夜，龙灯狂舞，锣鼓喧天，观者如潮，成为乡村民俗的盛大"夜宴"。

三十里埁之言坑

神秘野龙坑

出言坑村，往东北方向走半个多小时，就到了野龙坑。这是一条由于受到地壳运动和流水侵蚀而形成的狭长峡谷，和三十里埁连为一体，因此也被称为"三十里埁大峡谷"，又称"野龙坑大峡谷"。

整个野龙坑大峡谷，分为牛轭冲、木鱼冲和龙眼冲三大部分。林密壑幽的山涧形成飞瀑鸣泉，水流因高低不同的落差和水中大大小小、千奇百怪的石头的拦截，变幻出万千姿态，或倾泻而下，或蜿蜒缓流。其中最为壮观的要数木鱼冲和龙眼冲两大瀑布群。

牛轭冲，谷深，峡长，石奇。春夏两季山洪暴涨，声似雷霆，白珠飞溅；而秋冬两季水落石出，绿草如茵，游鱼细石，非常迷人。峡谷里"横柯上蔽，在昼犹昏；疏条交映，有时见日"。

三十里垮之野龙坑木鱼冲

　　走过牛轭冲,便听见"隆隆"巨响，那是木鱼冲瀑布发出的。一条白练从几十米高的青山顶上狂泻而下，潭边的岩石有的大如房子，有的酷似灵龟怪兽，更有的仿佛是阎王殿上的判官小鬼，各具形态，惟妙惟肖。

　　龙眼冲的流泉、飞瀑、悬崖和怪石，又与木鱼冲迥然不同。瀑布先从近百米的山崖上贴着倾斜的石壁一路冲泻下来，然后在半空又来一个左转弯，划出一道优美的弧线；最后随着山崖的走势，将晶莹透亮的宽阔水帘收束成一根银白色的水晶柱，一头扎进墨绿色的深潭。

隐逸朱汰坞

沿着龙眼冲瀑布边上的小路上行，就是去朱汰坞的山路。朱汰坞三面环山，是个只有二十来户人家的小村庄。村庄内外种满了桂花树、梨树、枣树和红花油茶树，是一处隐逸山野的清静之地。

三十里垰之朱汰坞

从前，由于交通不便，村内的房子大部分都是靠传统工艺夯筑而成的土墙屋，红晃晃的一片。这种房子最具乡村的原始气息，厚实、牢固，住在里面冬暖夏凉，也是朱汰坞一抹耀眼的亮色。如今有水泥马路直通村庄，宽阔的水泥路为当地村民脱贫致富、发展乡村旅游创造了条件。

小小朱汰坞，也曾有过大名声：在第二次国内革命战争时期，这里曾成立了中共婺源中心特委，并在这里指挥发动了夜袭西坑乡政府等战斗，还打退了国民党五十五师的多次进攻，将婺源与周边的德兴、浙江开化和安徽休宁的游击区连成一片。此外，这里出产的石鸡、黄连和红花山茶油都是难得一见的珍稀土产，是朱汰坞村民较稳定的经济来源。

传奇三十里坌

　　从朱汰坞的后山土路攀登而上，就是著名的三十里坌。三十里坌是赣、浙、皖三省的界山，主峰海拔855米，历来都是兵家必争之地，也是僧人、道士向往的地方。过去，这里人来人往，古木参天，三个不同省份的风俗习惯和人文精神在这里融合、荟萃和延续；历代名人留下的逸闻和传说，加上散落的村庄农舍，衍生出许许多多绚丽多彩的神奇故事，有许多至今仍被人们口口相传。

　　历史上，三十里坌曾经有过著名的天缘寺，后毁于兵燹。现在还存有在天缘寺基址上建成的"观音堂"，为单层的土墙屋，屋内供奉的是观世音菩萨。据说观音菩萨来人间救苦救难，曾在三十里坌驻足歇息。当地人都说，此地的观音十分灵验，香火历久不衰，特别是农历二月十九、六月十九、九月十九，是观音的生日、出家日和成道日，来这里烧香拜佛的香客络绎不绝，非常热闹。

　　观音堂附近一带，还有钟石大王庙、土地公土地母庙、社公社母庙、玄天上帝庙、观音庙等，庙里供奉的神像大大小小有数十座，简直称得上是中国民间宗教信仰的"集中营"了。

　　从观音堂往三十里坌山脊走，踏上一条平整的石板古道，就是德兴地界。沿着古道往北走，一路上有许多奇石：三省石、大刀石、合掌石、鸡公鸡嫫石……每个奇石都有美丽的传说故事；还有仙人圳、莲花塘等，也有神奇故事在流传。至于十里亭、七里亭、五里亭，有的亭虽在，但已经破败不堪，有的亭已不存，只留下亭基在荒烟蔓草中挣扎。

　　三十里坌植被茂密，野果繁多，特别是深秋时节，一路的茅栗、苦槠、山楂挂满枝头，勾得人馋涎欲滴。"七月羊桃八月楂，九月十月茅栗笑呵呵"，深秋走三十里坌，也许最具韵味。

神仙钟吕

三十里冈，南起德兴占才李村，北上至朱汰坞后山顶7.5千米，再到婺源钟吕也是7.5千米，合为15千米，故称"三十里垮"。

钟吕，乃八仙中汉钟离、吕洞宾的合称。相传，此二仙曾在此地居住。钟吕是个俞姓聚居村落，先祖由古汀俞迁来此地建村，现有100余户，500余人。1997年，钟吕村建成了钟吕水库，坝址以上控制面积达33平方千米。虽然它有"高山平湖"的美称，有碧波荡漾的景致，但总像悬在钟吕人头顶的"达摩克利斯之剑"，让人隐隐地揪着心。

昔日不通公路，人们出行全靠双脚行走、肩挑背驮。"上德兴"一带人常常走三十里垮，把当地土产运到屯溪出售，再从屯溪买回生活必需品，三十里垮成了他们"讨生活"的必经之道。如今古道渐渐荒废，而古道上发生的故事仍在村民中口口相传，成为对往昔岁月的追忆和怀想。

第七章

婺源绿茶

一片神奇的东方树叶

朱永健　陈丽珍

　　将一片树叶泡在烧沸的水中，改变了水的味道，从此便有了茶。

　　中国被称为茶的故乡，原产于中国西南地区的古茶树一路向东南延伸，在自然与先民的调养下，逐渐演化为易于采摘和管理的小叶种灌木，在北纬30度的黄金带上孕育了天生丽质的婺源绿茶。

单芽　　一芽一叶　　一芽两叶　　一芽三叶
（特级）　（一级）　　（二级）　　　（三级）

婺源绿茶

　　"八分半山一分田，半分水路和庄园"的婺源，产茶历史悠久，素有"茶乡"之称，这里"绿丛遍山野，户户飘茶香"。陆羽《茶经》中称"歙州（茶）生婺源山谷"，这是最早关于婺源绿茶的记载。唐代的婺源已是较发达的茶区，其所产的绿茶每每运往浮梁销售。白居易《琵琶行》中有诗云："商人重利轻别离，前月浮梁买茶去。"唐代的浮梁是重要的茶叶集散地。

唐代做的茶，不像现在的绿茶或其他茶类，而是饼片茶。《茶经》中"三之造"载云："晴，采之、蒸之、捣之、焙之、穿之、封之，茶之干矣……"《大学衍义》补曰：唐宋用茶，皆为细末，制为饼片，临用而碾之，又名"碾茶"。"婺绿"在长期生产过程中逐步形成自己独特的风格。《宋史·食货志》中有"顾诸之紫笋，毗陵之阳羡，绍兴之日铸，婺源之谢源，隆兴之黄龙、双井，皆绝品也"的记载，说明宋代婺源的谢源茶已列入全国六大绝品茶之一。婺源为文公阙里，彼时的理学大家朱熹一生嗜茶，从福建回老家婺源祭祖，撰写了《茶院朱氏世谱后序》，并把老屋更名为"茶院"。由于朱氏的提倡，许多亭、庵、村相继以茶命名，如梅心庵茶亭、三吾岭茶庵、茶连坑村……

明末清初，婺源绿茶"四大名家"——大畈灵山茶、溪头梨园茶、砚山桂花树底茶和济溪上坦源茶，均为贡品，名震天下。清乾隆年间，婺源茶叶被列为中国外贸出口的主要物资之一，远销欧美诸国，从此打开了世界版图。《徽属茶务条陈》中记载："徽属产茶，以婺为最，每年约销洋庄（外销）三万数千引。"婺源绿茶自从外销以来就以品质优良备受国际市场的青睐，1915年，婺源精制绿茶在美国旧金山举办的"巴拿马万国和平博览会"上斩获金奖。威廉·乌克斯所著《茶叶全书》中赞评"婺源茶不独为路庄绿茶中之上品，且为中国绿茶中品质之最优者，其特征在于叶质柔软细嫩且光滑，水色澄清而润厚"。

民国时期，日本挤占我国传统绿茶市场，中国外销茶叶总量急剧缩减，婺源绿茶却因品质优良而一枝独秀，彼时的婺源茶商也成为徽州茶商的一支劲旅。在1936年的上海，"本埠婺籍茶栈有九十余处"。从小在"读朱子之书、服朱子之教、秉朱子之礼"氛围中成长起来的婺源茶商，坚持"以诚待人，以信接物，以义取利，以仁制利"而享有"儒商"之美誉。在纷繁复杂、无情的商海中，成就了一段段"积善余庆"之佳话。

在计划经济时代，婺源绿茶被称作"茶叶中的味精"，是外贸出口的"宠儿"。长期重心放在海外市场的婺源绿茶伴随着计划经济时代的结束，在改革开放的浪潮中错过了名优茶发展的黄金十年。直至1996

年，"大鄣山云雾茶"入选唯一符合国家绿色食品 AA 级标准的绿茶，1997年获得 BCS 有机认证证书，这是一张婺源绿茶叩开欧盟国际有机茶市场的通行证，婺源茶从此迈着坚实的步伐，连续23年占据欧盟有机绿茶市场的半壁江山，涌现了婺茗、梨园、五龙山、林生茶、鄣公山、婺绿春、清明丫玉等一批有机茶品牌。

茶，作为东方的一片树叶，它在历史的洪流中浮沉，曾颠簸在丝绸之路上，耳边伴随着阵阵驼铃；它将文明传播向远方，让欧洲大陆在它变幻无穷的口感里看到了东方熹微的缩影。婺源茶，这小小的嫩芽，征服了欧洲人的味蕾，在历史变迁中屹立不倒。它让全世界惊呼"神奇的东方树叶"，胜在"香高、汤碧、汁浓、味醇"，赢在世世代代茶乡儿女坚守"有机"的初心。有机茶园选择没有重金属污染的土壤，不施化学农药，完全依靠自然天敌和物理方法防治害虫，这一切都只为向世界奉上一杯纯净的茶。

数千年的时光中，婺源茶绵延万里，从亚洲到欧洲、到非洲、到美洲……它温暖了无数来自不同国度、不同种族、不同文化的人，呈现出无穷无尽的可能性，无论是在故乡，还是在远方。

从史册了解婺源茶

卢新松

在 2019 年 3 月的一次田野调查中，婺源北乡段莘官坑田间发现了一株茶树，其叶葱郁茂盛，根因土壤塌方而裸露，树冠高不过 2 尺（1 尺约合 0.33 米），而基部围径却 1 尺有余。经验判断其树龄少则百年以上。婺源是千年茶乡，古茶树虽多却难以见到，大概是因为古树树冠经"标准化"改造而矮化，其根深埋于土而不易发现。这恰如浩瀚悠远的婺源茶史，虽浩如烟海却知者不多。

茶，是农耕文明的产物，也是最具有文化气息的农作物。茶，源于中国，"茶之为饮，发乎神农氏，闻于鲁周公"（陆羽《茶经》），有上下五千年历史。陆羽应该是读了《神农本草经》中"神农尝百草，一日遇七十二毒，得茶而解之"才有此一说。一般来说，秦汉以前的茶叶发展与传播目前学界尚未达成统一的共识。从目前的研究来看，普遍认为对茶的最早开发和利用始于中国西南巴蜀之地，明末学者顾炎武的《日知录》中说道："自秦人取

《茶经》

181

蜀而后，始有茗饮之事。"自秦以后，茶叶顺长江而下，历经百千年在长江流域以及东南、华南等地生根繁衍，至唐代成为"举国之饮"。这样的传播路径也从当前茶树遗传基因方面的研究得到了印证。

婺源茶的发展演变服从于中国茶叶发展的大背景。婺源产茶始于何时？多数学者推测认为，应始于汉晋时期，不晚于西晋永嘉南渡，其时婺源未建县，无史料印证。唐开元二十八年（740）婺源建县，有趣的是，在婺源建县仅20年左右，陆羽的《茶经》成书，其"八之出中"列举了全国著名的茶叶产地，其中就有"歙州（茶）生婺源山谷"的记载。这短短的7个字，是目前所能见到的关于婺源产茶最早的文献。古人总是惜墨如金，不过这7字足以看出婺源茶在当时为歙州茶杰出代表的地位。想必是"精行俭德之人"陆羽在客居信州（上饶）时对歙州婺源做过一番考察，才会有如此评判。

唐代，特别是中唐以后，茶叶生产和贸易空前繁荣。比陆羽稍晚的大诗人白居易，遭贬江州（今九江）司马，在其长诗《琵琶行》中有"商人重利轻别离，前月浮梁买茶去"的感慨，正是当时茶叶贸易兴盛的写照。浮梁，是唐代著名的茶叶集散地。婺源的西北面与其毗邻，仅一山之隔，且有歙州到饶州的古道（后称徽饶古道）相连。那时，婺源的茶叶大都运到浮梁，然后借昌江而入鄱湖进长江，再销往西北、华北等地。南唐都置制使刘津在《婺源诸县都制置新城记》中记述了茶区盛况："太和中，以婺源、浮梁、祁门、德兴四县，茶货实多，兵甲且众，甚殷户口，素是奥区……于时辖此一方，隶彼四邑，乃升婺源都制置，兵刑课税，属而理之。"文中刘津已把婺源与浮梁、祁门并列，说明婺源的产茶量并不逊于浮梁、祁门，并在此设税茶机构负责管理四县茶税，说明婺源的税茶额当在浮梁、祁门之上，属税茶大县。

至宋代，婺源茶不论是名气还是产量或是经济贡献均位于全国前列。《宋史·食货》中对茶叶有"毗陵之阳羡，绍兴之日铸，婺源之谢源，隆兴之黄龙、双井，皆绝品也"的记载。这说明婺源的谢源茶，在宋代时就已列入"全国六大绝品茶"之一。翻阅《婺源县志》可知，宋初，全县茶叶课税五千一百四十贯五百文。宋代茶的税率很高，据资料记载，朝廷实行榷茶法时，"于京师入金银绵帛，实值钱五十千者给百贯实茶；若海州（今江苏连云港一带）者，入现缗五十五千"。北宋天圣元年（1023）实行贴射法，即"斤售钱五十有六，其本钱二十有五，官不复给，但使商人输息钱三十有一而已"。由此可知，税率应在50%～55%，按此推算，婺源散茶总产当有1600～1800担。《新安广录》曾记载，由于婺源茶叶品质优异被直接征收入贡，因而得到蠲减茶税的优惠待遇。县志中就有南宋绍兴五年（1135）全县茶叶课税一千八百零七贯八百九文的记录。可惜的是，这个优惠税额仅仅维持到南宋政权的覆灭。

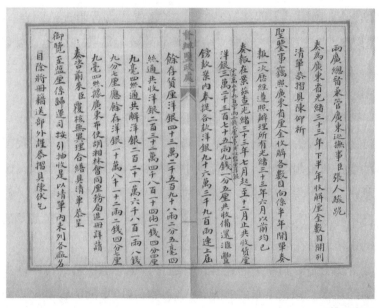

茶业奏折

明清时期是婺源茶立足国内市场、开拓国际市场的重要时期，所产"四大名家"茶成为皇家贡品。婺源茶叶在明末清初进入国际市场，蜚声海外。在清代查慎行的《海记》中，清初各省贡茶条目都有贡茶地和贡茶数的记录，其中以婺源为代表的徽州"一府六县"贡茶数为3000斤。清康熙三十三年（1694），蒋灿纂修的《婺源县志》"物产"中有了"茶"的记载。清乾隆年间，婺源茶叶被列为中国外贸出口的主要物资之一，远销欧美诸国，外销盛极一时。县志有"年产茶叶5万担，制成精茶10万箱"的记载，充分说明当时茶产业欣欣向荣的盛况。到了清嘉庆年间，婺源的岁行茶引达2万道，已占全徽州茶引总数的1/3强，婺源一跃成为徽州最主要的产地。

清同治、光绪年间，徽州茶叶总产已是明代的5倍，岁行茶引达10万道，其中婺源占有3万数千引之多。据光绪年间《婺源乡土志·风俗》载"我婺物产，茶为大宗，顾茶唯销于外洋一路"。清光绪二十二年（1896）《徽属茶务条陈》中记载："徽属产茶，以婺为最，每年约销洋庄（外销）三万数千引"（按每引120斤计算，外销茶已达400万斤。如果再加上内销和运往上海加工的茶叶，婺源年产毛茶当在500万斤以上）。民国二十四年（1935），据婺源县政府调查科调查，全县共种植茶叶17.2万亩，当时"皖南产茶区域为歙县、休宁、婺源、祁门、黟县、绩溪六县""六县之中，婺源茶区面积之大，产量之多，推为第一"。

这些数字的背后，蕴含着婺源茶叶种植、生产、贸易的空前发展，以及政治权力的无意识表达。倘若把婺源绿茶的发展放在我国茶叶历史的变迁和徽州茶叶历史的背景中去考量（婺源自建县起隶属徽州——原歙州，在中华人民共和国成立前被划入江西。如今的徽州，其地理概念已不存在，只是指历史文化意义上的徽州），婺源绿茶无疑是徽州茶叶的主角，并在全国占有一席之地。

历史是时间留下的迷宫，有遗存，也有散佚，还有许许多多不为人知的秘密。穿越千年的时光，人们只有在历史的倒影中，才能读懂婺源这座千年茶乡。

"婺绿"演变史

卢新松

婺源绿茶，从一片树叶到一芽新茶，历经了五行而涅槃重生。茶生于土而属木，活色于金釜，生香于火焙，终和于水。今日之婺源绿茶，工艺精绝，可紧细如针，可卷曲如螺，或如君子之剑，亦似美人之眉，形态各异。虽有人诟病于此，称形制难以一统，无以代表，然皆有因，实为大同。

"婺绿"为婺源绿茶的简称，有广义和狭义之分。广义的婺源绿茶为自婺源一县有茶事以来所产绿茶的统称，而狭义上的婺源绿茶为清末以来形成婺源地域性感官特征的外销绿茶，以区别于其他产地绿茶。如此之类还有屯溪的"屯绿"、舒城的"舒绿"

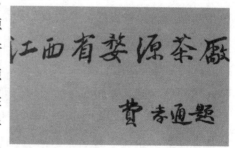

费孝通题词

等。关于婺源绿茶的形制演变，见诸史料的不多，不过，我们仅从只言片语中，也不难窥见婺源绿茶在历史长河中某个时间节点的三维投影，并以此前后推演，左右观照，可以描绘出婺源绿茶的演变历程及大体情况。

唐代以前，人们一般认为茶叶是以蒸青散茶或是晒青散茶形式存在的。陆羽在《茶经》中将当时的茶叶从加工后的形态上分为三类，即散茶、末茶和饼茶。饼茶当然是最风行的，且基本上统一了当时茶的加工工艺，即《茶经》中说的"蒸之、捣之、焙之、穿之、封之"。

婺源绿茶最初形成工艺定型应该也在唐代，这能从成书于公元856年的《膳夫经手录》得到一定的佐证。其中记载"歙州、婺州、祁门、婺源方茶，制置精好，不杂木叶。自梁、宋、幽、并间，人皆尚之。赋税所入，商贾所赍，数千里不绝于道路"。这段文字有很强的画面感，它为我们描绘了一幅1200年前，婺源茶在北方广大地区备受推崇，茶商蜂拥而至，络绎不绝的兴旺景象。但更为重要的是，通过这段文字，我们可以了解到当时婺源茶的大体形制，即"方形饼茶"。而且"制置精好，不杂木叶"也充分体现出婺源茶商的诚信精神，因此"商贾所赍，数千里不绝于道路"。

团饼茶的制作工艺至宋代达到了极致。宋廷贡茶"龙凤团茶"可谓是工不厌精，追新求异。欧阳修有"茶之品无有贵于龙凤者""金可得而茶不易得也"的感慨。"龙凤团茶"的主要产地是建安北苑（今福建建瓯），而同时代的婺源也有一定的生产。《新安广录》曾记载，由于婺源茶叶品质优异被直接征收入贡，因而得到蠲减茶税的优惠待遇。既为"入贡"，应是"龙凤团茶"之类的茶叶极品。

在团饼茶采制技术日益精深的同时，人们也发现，蒸青散茶能使茶叶天然的色、香、味和内在品质得到充分展现，而且生产工序相对团饼茶也更加简便。11世纪中叶，除贡茶仍做团饼外，民间散茶发展迅速，尤其在江南一带，更是名茶迭出。《宋史·食货志》中将婺源的谢源茶列为"全国六大绝品茶"之一。谢源，即今日的浙源乡一带。宋朝，浙源人在外做茶叶生意的较多，创立了著名的"谢源茶"。可以看出，婺源这个原本出优质饼茶的地方，到了宋代散茶渐兴时，又以"谢源茶"跻身于"全国六大绝品茶"的行列。

明代，是中国茶业及茶学发展的重要转折期。太祖朱元璋"罢造龙团，采芽以进"，使得叶茶取代团饼茶而一统天下。此为体恤万民、顺应时势之举，也是茶业自身发展的必然走向。与此同时，茶叶的制造技术也发生了较大的变革，不仅蒸青团茶已濒绝迹，而且随着炒青技术的出现，蒸青叶茶也渐被淘汰。明末闻龙的《茶笺》载，"诸名茶法多用炒，惟罗岕宜于蒸焙"，可见炒青制法的普遍。明初，僧人大方创制的休宁"松萝茶"问世，并对徽州地区茶叶工艺产生重大影响，以至于各县所产炒青绿茶均称松萝。松萝茶是一种以单片嫩叶为原料的炒青绿茶，且"味在龙井之上"，至今在婺源仍有小规模生产。

生产和贸易的发展不断推动着加工技术的提高，加之婺源得天独厚的生态条件所孕育的天然品质，婺源炒青绿茶不仅以"松萝"名世，自身也形成了独特的品味风格，佳茗妙品声名远播。明末清初，婺源的大畈灵山茶、济溪上坦源茶、砚山桂花树底茶和溪头梨园茶，在众多炒青绿茶中脱颖而出，被人们誉为"四大名家"茶，颇负盛名。

自清以后，随着清廷对外政策逐步开放，敏锐的婺源茶商纷纷把婺源茶推向国际市场，婺源炒青眉茶逐渐定型生产，即为当时之"路庄茶"。《世界主要茶叶种类索引》中描述婺源茶是"中国最上等绿茶，有美妙香味，叶灰色"，这正是婺源炒青眉茶的显著特征。时至今日，婺源炒青眉茶仍为婺源出口绿茶之大宗。

婺源茶商当然也不限于经营炒青眉茶，清末时也窨制花茶，创制出"珠兰精"名茶，不仅被朝廷列为贡品，且成为当时的"官礼名茶"。清宣统二年（1910），经南洋劝业会审查报农工商部获金牌奖，并于民国四年（1915）一举夺得"巴拿马万国博览会"一等奖。美国著名茶学专家威廉·乌克斯在他的《茶叶全书》中写道："婺源茶不独为路庄茶中之上品，且为中国绿茶品质

婺源俞氏茶号

之最优者。"同时，婺源茶商也根据市场消费需求，创制出婺源（香田、龙腾）龙井、毛峰、毛尖、大方、黄汤茶等，销往上海、广州等地，受到广大客商欢迎。

1949年后，婺源绿茶（炒青眉茶）一直秉承外销传统，在工艺上进一步进行了规范，实行标准化生产。同时，开发了内销茶花色十余种，有茗眉、奇峰、毛峰、珍眉、珠茶、贡熙、秀眉等及各种花茶。改革开放以后，全县名优茶生产如雨后春笋般竞相发展，争奇斗艳。郁公山茗眉、大鄣山云雾细茶、灵岩剑峰、天香云翠等20多个品牌，先后被评为省优名茶和省优质茶。其中，"婺源茗眉"于1982年被国家商业部评为全国三十个名茶之一；"灵岩剑峰"在1989年西安全国名茶评比会上又再获全国名茶称号；"大鄣山茶"代表婺源绿茶参加1999年昆明世界园艺博览会，获金奖。

2000年之后，随着市场经济的蓬勃发展，婺源绿茶生产更趋于多元化，针形、眉形、卷曲形、花朵形绿茶均有开发和生产，尤以茗眉、仙芝（仙枝）、长炒青（特供茶）、圆炒青（七杯香、陀绿等）居多。同时，为适应市场需求，婺源红茶、青茶、白茶等茶类也有适度规模发展，尤以婺源红茶开发力度较大，深受国内国际市场青睐。至此，婺源茶业初步形成了婺源绿茶地理标志下的多品类绿茶与其他五大茶类共存的局面。

婺源茶园的山水问寻

程 丹

婺源人素来有山水情结，喜欢在包罗万象的大自然中寻得一份真谛。春夏秋冬，艳阳雨雪，青山不动，细水长流，婺源的一片片茶园便生长在这自然山水之中，汲日月精华，采天地灵气，也就有了如此山魂水魄的神韵。

茶园

自然之中见山水故事

在婺源，茶就是自然。绿丛遍山野，户户飘茶香，在有一杯茶之前，先有了漫长的茶树在自然山水中生长的故事。

"星江承澍，密雾疏林沐。旖旎好春光，野清香、幽兰生谷。"婺源茶人王泽农在《蓦山溪·赞婺绿》中向世人铺展出一幅婺源茶园"水雾弥漫，浅草疏林"的天然画卷，在字里行间似乎能闻到茶叶的清香、幽香。

一方山水养育一方茶叶。在婺源县近3000平方千米的沃土上，巍峨耸立着海拔千米以上的郭公山、五龙山、高湖山、莲花山、石耳山，蜿蜒曲折地流淌着516千米长的河流，它们是婺源茶园的大生态屏障。这样的山水也影响着婺源的气候条件。气候是决定茶树生长发育和内在品质的重要因素，而婺源气候适中，雨量充沛，霜期较短，四季分明，极适合茶树的生长；同时，婺源昼夜温差明显，十分有利于茶树干物质的积累和芳香物质的形成。

茶叶的种植环境，也直接关联着以茶树为中心的茶园生态系统。1200多年前，"茶圣"陆羽在《茶经·一之源》中对茶叶的种植环境条件就有了深刻的认识："其地，上者生烂石，中者生砾壤，下者生黄土。凡艺而不实，植而罕茂。法如种瓜，三岁可采。野者上，园者次……"由此可见，茶叶的品质与茶园的海拔、温度、湿度、地形、坡度、土壤都有关联。婺源20万亩茶园中，60%分布在海拔300～1000米的峡谷之中，伴随着潺潺溪水，仿佛能听到茶树恣意生长的声音。

"茗生此中石，玉泉流不歇"，婺源一直都诉说着山水与茶之间的故事。

山水之中见和谐共生

"半亩方塘一鉴开，天光云影共徘徊。问渠那得清如许？为有源头活水来。"理学渊源与悠悠书乡，让婺源的山水多了几分理智。山水有智，自然万物和谐。婺源的每一寸土地，都在吟唱着一曲和谐之歌，全县森林覆盖率达到82.64%，193个自然保护小区合理分布，红豆杉、银杏、楠木、香榧等名贵树种，黄喉噪鹛、白腿小隼、鸳鸯等珍禽异兽，春兰、九节兰、寒兰等奇花异草共生共长。

婺源的茶园就分布在这样的山水中，茂密的林木不仅起到了遮阳作用，而且其较大的辐射蒸腾极易形成雾霭，还能有效减弱春夏时节日光直射的强度。日光透过云雾所形成的弱散射光（包括漫射光），非常有利于茶树的生长发育。而散射日光中的紫外线，能很好地促使芳香类物质的形成，提高芽叶中生物碱和含氮芳香类化合物的含量，提升茶叶品质。

中国绿茶金三角核心产区牌

置身于这样的茶园之中，便会情不自禁地沉浸在和谐绚烂的风景中。

清晨，茶园枝叶翠绿，云雾缭绕，静谧唯美。这时，一片阳光斜射过来，茶园的雾散去了，在晨光中慢慢苏醒，像脱去蝉羽般的纱衣，呈现出阳光与绿叶勾勒的亮带，茶树上挂着的蜘蛛网也被阳光照耀得璀璨夺目，山谷的画眉、山雀成群地叫嚷开了，清脆的叫声中沾着一点凉露，引出了晨间的湿润。

傍晚，夕阳洒满了茶园，偶尔有蜻蜓飞舞在落日的余晖中，光线透过它薄薄的翅膀，金光闪烁；不经意间向茶树上望去，会看到螳螂正挥舞着"大刀"砍向茶蚜虫；远处，白鹭沿着起伏的茶行飞翔；一行行的绿，从山脚延伸到天际，与漫天的晚霞交相辉映，尽情地演绎着夜幕降临前的自然之美。

在婺源，人与茶之间的关系就是这样自然和谐、恰到好处。茶品之精行俭德早已深植于婺源人的生活中。

和谐之中见初心坚守

高山、翠林、绿野、溪流、蓝天，还有充足的阳光和充沛的雨量，让这里的每一条山谷，每一片山地，都成了婺源绿茶生长的天然之境。

林茶草共存、虫蝶菌相依，构成了一条和谐、完整、健康的生态链，成就了婺源绿茶"汤清、汁浓、香高、味醇"的优异品质。

"人间甘露几时有，唯见茶农勤奔走。"这些看似"天生"和谐的茶园生态环境和茶叶品质，背后是婺源县 22 万茶农日复一日的努力与坚守。在他们之中，有从 1997 年便开始种植有机茶的茶农，有有机绿茶带头人，有刚加入茶叶行业的"茶叶新人"，有每天去茶园走走看看的"茶痴"，还有进军欧盟 20 余年肩负品牌使命的外贸茶企负责人……

婺源和谐的茶园生态环境既有茶农、茶企的努力，更离不开政府的大力支持。

婺源县政府一直以"生态立县"为发展思路，茶产业发展也遵循此道，以有机茶为发展导向，对有机茶园、有机茶厂、茶园秋挖等进行政策扶持，开展农药、化肥双减试验，茶园绿色高产高效试验，加快构建茶园病虫害绿色防控体系等。通过多年努力，婺源县先后荣获中国绿茶金三角核心产区、中国十大生态产茶县、国家有机产品（茶叶）认证示范区、国家出口茶叶质量安全示范区等荣誉。截至 2019 年底，全县有机茶园面积达 7.45 万亩（其中通过有机认证的茶园 4.45 万亩），居全国前列，所产茶叶销往世界 60 多个国家和地区，而一向门槛很高的欧盟市场中 50% 以上的有机绿茶就产自婺源。

婺源人的坚持有了收获。这份收获，是婺源茶人的浓浓绿茶情浇铸而成的。

婺源名茶的古风今韵

何晓求

自古春秋茶山绿，好茶好饮魅江南。"郁郁层峦夹岸青，春山绿水去无声。烟波一棹知何许？鹧鸪两山相对鸣。"八百多年前，婺源人朱熹《水口行舟》触景生情吟唱着婺源的青山绿水，鸟语欢娱，经年散发着造化之美。婺源有幸，以其特定的北纬31°的地理位置、得天独厚的自然生态环境，孕育出婺源茶的天生丽质，自古成名。

世界上现存最早的茶叶专著《茶经》中，茶圣陆羽道"歙州（茶）生婺源山谷"，第一次将婺源茶推向了世人。婺源产茶始于汉而盛于唐，宋称绝品，明清入贡，中外驰名。在这一千多年的历史演变过程中，婺源茶从无名到有名，从老百姓饭后的家常饮品到宫廷帝王的贡品，从中华民族的名茶到走向世界的名品，一步一步走向了它的辉煌。

婺源方茶是婺源历史上最早的名茶。早在唐大中十年（856），朝廷膳夫杨华撰《膳夫经手录》中载"婺源方茶，制置精好，不杂木叶，自梁、宋、幽、并间，人皆尚之……"，自始其进入全国公众的视野，名闻天下。

宋朝，婺源产制的茶叶已是出类拔萃，有了婺源茶史上最早的品牌——"谢源"。《宋史·食货志》载："毗陵之阳羡，绍兴之日铸，婺源之谢源，隆兴之黄龙、双井，皆绝品也。""谢源茶"更是跻身"全国六大绝品茶"的行列。

到了明代，随着婺源茶叶加工技术的不断提高，佳茗妙品声名远播。明末清初，被人们推选为"四大名家"茶的婺源茶更是颇负盛名。

茶蕴灵性，名山寺院出名茶。"四大名家"茶之一的"大畈灵山茶"便产自大畈灵山"金竹峰"。北宋太平兴国四年（979），乡人江广溪出资建了一座碧云寺，传说是为被贬谪的南唐国师何令通修道而建的，因来此祈祷多有灵验，此山也被称为灵山。山上古木森森，流泉汩汩，终年雾罩云遮，或吸了山的灵气，或沾了水的清纯，都使茶脱却尘俗，尽展纯洁淡泊之态。试想，喝了这蕴含天地精华之茶，怎能不让我们世俗的心中增添几许超然的灵气？

茶之为物，在西方人口中一度被称为"东方树叶"。清康熙二十三年（1684），清政府开放海禁，中国茶叶开始经海路出口欧美，婺源茶叶经广州、上海、武汉等口岸出口国外。婺源茶叶以其"颜色碧而天然，口味香而浓郁，水叶清而润厚"的超群品质，很快名扬四海，天下皆知。美国《茶与咖啡贸易》杂志主编威廉·乌克斯在其所著《茶叶全书》中称："婺源茶不独为路庄茶之上品，且为中国绿茶中品质之最优者。"如今，路庄茶已不再是少量的名茶珍品，而是由各个产地直接精制后装箱出口的大宗优质茶。溪头梨园茶、桂花茶成为溪头"兰田香"茶号拥有的出口品牌，大畈灵山茶、济溪上坦源茶成为大畈"陆香森"茶号的出口品牌，清末的珠兰精茶成为思口"协和昌"茶号的出口品牌。清咸丰年间，婺源"俞德盛"茶号所制的"新六香"牌绿茶，开始远销西欧，外销盛极一时。民国四年（1915），在巴拿马万国博览会的茶叶类评比中，"协和昌"茶庄产制的珠兰精茶，"益芳""鼎盛隆"茶庄的精制绿茶，"林茂昌"茶号的精制绿茶，代表婺源绿茶参评而一举夺魁，囊括了一等奖、二等奖和金牌奖，为中国茶叶赢得了荣誉。

春风拂走千年事，唯留茶香绕群山。1949年中华人民共和国成立后，长期的计划经济体制，抑制了婺源名优茶的发展活力。直至1984年国家对茶叶市场的大部分放开，35年间，婺源只有一种名茶——婺源茗眉，属眉形茶，始创于1956年，1982年获省优质名茶奖，1993年载入《中国茶经》。其外形壮实，弯曲如眉，白毫显露，肉质香浓持久，具有兰花香，滋味鲜爽醇厚甘洌，汤色嫩绿清澈，叶底匀嫩，完整明亮。婺源茗眉内外兼修，品质超群。

江南春早，茶园生机盎然，转眼千年，在新时代发展的浪潮中，婺源茶人潜心研制，一大批创新名茶脱颖而出。"灵岩剑峰"是婺源县内继婺源茗眉茶之后的第二种全国名茶，于1986年创制，1989年被农业部评为全国优质名茶。"灵岩剑峰"属扁形茶，外形扁平匀直，白毫显露，色泽翠绿，汤色绿亮，板栗浓香持久，滋味鲜爽，叶底嫩、匀、亮。自20世纪80年代以来，又有"天香云翠""文公银毫""川汰雀舌""天舍奇峰""婺源墨菊""林生银针""婺绿春茶""星江龙珠"等80多种

茶叶物料价格表

名茶先后获国家级、省级优质名茶称号和金、银、铜奖。其中，"婺绿春茶"于2005年荣获中日韩星级茶王电视公开赛"三星级国际茶王"称号，"大鄣山茶"于1999年获国家级名牌产品证书和昆明世博会金奖，"天佑"婺源有机茶于1998年获英国皇家有机食品金奖。

"高山云雾出好茶，百家齐放茶满园。"无论是历史名茶还是现代佳茗，在"婺源茶"这个大家庭里，他们都有一个共同的"名号"——中华文化名茶，都有一个共同的"胎记"——国家地理标志保护产品！历史浮沉，岁月穿梭，而这片色泽如玉、青翠欲滴的茶叶，容颜依旧，情怀依旧。它化作亘古长存的茶香，寄托着茶乡儿女的满满情怀。

千年茶乡的温热

——"婺绿"典故随拈

王 鹰

在婺源的时间每增加一天，对婺源绿茶的了解每深入一点，对婺源人的羡慕之情便增加三分。是的，羡慕！羡慕他们和茶的缘分。在这片土地上，人和茶叶相遇、相知、相互成全。古驿茶亭、徽商大宅、悠远茶路，这些都在向人们展示：茶，深深地刻在了婺源人的血脉中。茶香千年，茶叶浸润着茶乡，在时间的长河里，婺源茶业浮浮沉沉，几度兴衰。在长达千年的婺源茶史上，流传着无数的佳话经典，向人们诉说着一路走来或甜或苦的故事。

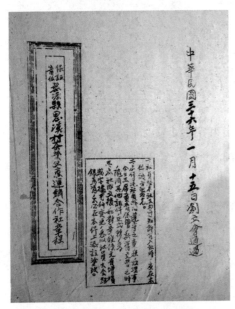

民国时期思溪村茶叶产销合作社章程

人在草木间，人与自然相遇便有了茶，而茶又成就了人与人的相遇。"半壁山房待明月，一盏清茗酬知音"，古往今来，一片小小的茶叶，凝结了多少情谊？手捧婺绿，看茶叶在杯中舒展绽放，茶香飘来时，透过袅袅轻烟，仿若看见千百年前，南唐国师何令通在大畈灵山发现野生茶树，采制之，惊喜地发现茶叶品质极佳，用山泉水加以冲泡，香气四溢，滋味清醇，深受香客和僧道欢迎的情景；此后，何令通发动山上僧道攀危崖、登险峰，四处搜罗、挖来野茶树，移植于寺庙周围，开辟出一片片茶园的情景；再往后，何令通在怡乐亭以茶会友，品茗谈经，与友人把茶言欢，静心度春秋的情景。一杯茶开启一段友谊，何令通与萧江六世祖江文寀之间的友谊为后人津津乐道。传闻何令通常常邀请江文寀来灵山饮茶对诗，自得其乐。何令通运用自己的特长为江文寀择地云湾（今江湾）促其家族兴旺发达；江文寀为何令通扩建碧云寺，捐田60亩，助寺资用。种茶、饮茶、交友，有趣的灵魂因茶相遇。先人已逝，灵山茶亦不复荣光，但这段因茶结缘的美好传说依然流传至今。

"郁郁层峦夹岸青，春山绿水去无声。烟波一棹知何许？鹭鹚两山相对鸣。"如果说，婺源的山水滋养了婺源绿茶的"天赋异禀"，那么婺源茶商则让婺源绿茶名声大噪。在纷繁无情的商海中，一代代婺源茶商不畏艰辛，百折不挠，在竞争中发展，在困境中奋进，足迹遍及中国，乃至海外。从小在"读朱子之书，服朱子之教，秉朱子之礼"的氛围中成长的婺源茶商骨血里刻着儒家的"诚笃""立信"等道德原则。

翻开婺源茶商的行商故事，"诚、信、义、仁"贯穿始终。相传，有一年，英国客商向婺源茶商朱文炽订购了一船茶叶，数量达20万斤之巨，朱文炽没有如此之数的存货，就派手下人向其他茶商收购。其中某茶商妒忌朱老板生意火爆，故意在茶叶中掺入大量苁菜，而朱文炽对此一无所知。茶叶装船后，英商戴伦提出验货，朱文炽信心满满，说："理当如此，但验无妨。"谁知打开的第一箱，里面的茶叶就是掺了苁菜的。见此情况。他找来手下人询问，基本猜出了个中缘由。他当即指示手下人员将茶叶倒入海里。第一箱茶叶倒进海里后，接着开第二箱，发现是完全符合质量要求的好茶，朱文炽却仍然说："倒海里去！"连着开了四五箱，全倒进了海里，直至客商制止才罢。

茶品如人品，在庞大的婺源茶商的队伍里，以诚取信的经营故事比比皆是，屡见不鲜。在洪村宗祠，前人立下的公议茶规仍旧屹立，虽寥寥数语，却字字千斤，将诚信时刻彰显。婺源茶商留给后人的故事，除了诚信经营外，还有许多爱国爱乡、以众帮众、克勤克俭的感人故事。这些真实的故事，让人们感受到婺源以"仁道德行"为核心的茶文化。

一片茶叶，历经高温、揉捻等重重考验来到杯中，是坚韧的，也是柔软的。婺源绿茶将它的坚韧传递给了砥砺前行的茶商，将它的温柔留在了婺源乡间道路上的一座座茶亭中。

为方便路人，古之婺源的乡间道路上，每隔一段便设有茶亭，为往来之人提供茶水解渴、休息的地方（清代时，婺源仅县志中记载的茶亭就有130多座）。最著名的茶亭在婺北浙岭头。相传在五代时，有一位慈眉善目的方姓老妪在婺北浙岭头的茅屋中居住，每日为过往的行人挑夫烧茶解渴，长年累月从不间断，且不收分文。天长日久，人们都亲切地叫她"方婆"。方婆逝后葬于浙岭头，路过的人都"感其恩惠，拾石堆冢，以报其德"。一座普普通通的坟茔，因石块越堆越高，后来竟成了一座巨大的石冢，世人因此而敬称其为"堆婆冢"。方婆对婺源民间风俗的影响深远，乡民以礼待客，以做好事为荣，在乡村一些山亭、路亭、桥亭、店亭设缸烧茶，不取分文。有的甚至帘旗高挂，上书"方

冬天的茶园

婆遗风"四个大字。"酒困路长惟欲睡，日高人渴漫思茶"，山间茶亭里的一碗解渴的茶水或比任何珍馐更能熨帖旅人一颗满是风尘的心。

种茶人，爱茶人，茶商、茶客，茶亭、夜归人……他们在一条名为婺源茶的路上遇见，这条路给喝茶的人带去了慰藉，也给事茶的人带来了抚慰。茶亭的茶香似乎还萦绕在鼻尖，趟过婺源茶发展的历史长河，婺源茶的魅力不减，仍旧吸引着无数的爱茶之人……

第八章

婆源植物

风吹草木香

——婺源植物概述

黄黎晗

江西婺源是全国重点林业县。

法国植物学家曾在20世纪初多次来中国婺源采集动植物标本。20世纪20年代初，我国植物学家秦仁昌、林刚等也到婺源采集过标本，后由Rehder和Wilson研究整理发表在《安徽木本植物名录》中，并发表了光假奓包叶（*Discocleidion glabrum* Merr.）、光叶紫珠（*Callicarpa lingii* Merr.）等新种。1959年开始，林英、李启和、陈策、杨祥学、邓懋彬等相继到婺源采集标本。在此基础上，分类学家发表了婺源安息香（*Styrax wuyuanensis* S. M. Hwang）、婺源槭（*Acer wuyuanense* Fang et Wu，现已并入毛脉槭 *Acer pubinerve* Rehd.）、婺源凤仙花（*Impatiens wuyuanensis* Y. L. Chen）、婺源黄山鼠尾草变种（*Salvia chienii* Stib. var. *wuyuania* Y. Z. Sun）等一些新分类群。1987～1988年，饶鹏程对婺源生态进行研究，认为婺源是研究中亚热带森林植物的一个理想场所，并发表了更多的新种。

婺源植物

在全县范围内，有近200处保护

小区，用来保护典型的以樟科、壳斗科、山茶科等树种组成的樟林、苦槠林等。江西婺源已知高等植物共280科842属1956种（含变种、亚种和变型），占全省高等植物种数的38.02%。其中，苔藓植物36科67属94种，占全省苔藓植物种类的16.69%；蕨类植物30科64属138种，占全省蕨类植物种类的22.09%；裸子植物8科13属16种，占全省裸子植物种类的51.62%；被子植物186科719属1708种，占全省被子植物种类的41.53%。

保护区内有丰富的珍稀濒危植物，属于国家一级重点保护野生植物的有南方红豆杉、银杏2种；属于国家二级重点保护野生植物有榧树、鹅掌楸、厚朴、樟、闽楠、浙江楠、连香树、野大豆、花榈木、永瓣藤、喜树、香果树等12种，并有102种属于江西省重点保护野生植物。这里是光假蚕包叶、婺源安息香、婺源凤仙花等植物的模式产地。2013～2014年，厦门大学环境与生态学院考察队在婺源考察时，还发现了安徽金粟兰、休宁小花苣苔、日本南五味子，以及尾叶崖爬藤、花叶地锦、黄鼠李、皱叶鼠李、阔叶假排草、狭序鸡矢藤等江西新纪录。

这里仅仅列举一些代表性种类，婺源还有非常多的野果资源，如猕猴桃、枳椇、苦槠、地菍、五味子，以及丰富的水生植物，如荇菜、水鳖、欧菱、黑三棱、眼子菜等。我们总感叹，小时候经常吃的野果，现在能见到的越来越少了。其实，植物们依然在大自然中自由生长，只是我们亲近自然的时间变少了。

上述这些果实，用作食品或观赏皆有一定优良品性，但多处于野生状态，未被人类广泛熟知和利用。我们期待着有一天，婺源丰富多样的植物，能培育出更多优良的品种，让记忆中的美味被端上越来越多家庭的餐桌，让远在他乡的游子也能一解乡愁。

人间草木看婺源

李振基　黄黎晗

婺源凤仙花

1981年6月10日，来自庐山植物园的王江林等专家到婺源采集标本。当他们走到大鄣山（即鄣公山）海拔500米处的路边时，看到了与其他凤仙花不一样的紫色花朵的凤仙花。他们采了5份，采集号为81093，并将标本寄给中国科学院植物研究所的分类学家陈艺林鉴定。陈艺林在1984年8月14日以其中的1656546号（现存中国科学院植物研究所标本馆，馆藏条形码号为PE01878354）为模式标本，将其定名为婺源凤仙花（*Impatiens wuyuanensis* Y. L. Chen），但该新种并未能马上发表，直到5年后的1989年才发表在《植物分类学报》上。那个年代的简化字与现在不同，所以在王江林等采集的几份标本的采集记录表上，婺源鄣公山被写成了"务沅鄣公山"。也许1656546号标签是在野外写的，字为行书体，而其他3张是回来后誊抄的，字迹更为工整。但陈先生偏偏用1656546号标本作为模式标本，把鄣公山看成了"章阶山"，于是，现在中

婺源凤仙花

国植物志的描述中就出现了"产江西（婺源章阶山）"这样的错误。此外，侯学良等在婺源白石源采集的婺源凤仙花的文本信息，在被转成电子版时也误录成了采于"婺源向石源"。

婺源凤仙花不仅产自婺源大鄣山、白石源、珍珠山、文公山，在婺源周边的安徽绩溪，福建武夷山，江西靖安九岭山、于都屏山、上饶卧龙潭，浙江丽水九龙山等地也都有分布。

明代李时珍言："其花头、翅、尾、足俱具，翘然如凤状，故以名之。"清代的《广群芳谱》中写道："其花头、翅、尾、足，俱翘然如凤状，故又有金凤之名。"

汉代刘向《列仙传》中记曰："弄玉随凤凰飞去，故秦作凤女祠于雍宫，世有箫声。"故后人以弄玉为凤仙，即凤仙花之花神。宋代王镃《凤仙》诗依此意言："凤箫声断彩鸾来，弄玉仙游竟不回。英气至今留世上，年年化作此花开。"

明代高濂《草花谱》称凤仙花作金凤花，曰："金凤花，有重瓣、单瓣，红、白、粉红、紫色、浅紫如蓝，有白瓣上生红点凝血，俗名洒金，六色。"我国的凤仙花属植物种类繁多，资源丰富，现在已知的种类占全世界的1/4，超过220种，皆可统称为凤仙花。其中既有单花的，也有花多数排成总状、伞房状或近伞形花序的种类；花的大小、颜色、苞片、萼片、旗瓣、翼瓣以及唇瓣的形状皆不同。

以婺源为模式产地的婺源凤仙花，花粉紫色，有2枚萼片，4枚花瓣，组成了颇有意思的花结构。花的最上方近圆形花瓣为旗瓣；花侧生2枚淡粉色的长圆状萼片；花的最下方2枚花瓣像两翼一样支在旗瓣下方，为传粉者搭建了停落的平台；唇瓣狭漏斗状，后方有着细长而弯曲的距，里面有着为传粉者准备的蜜，漏斗口处有2个黄色蜜导，指引传粉者准确降落。

婺源凤仙花一般早上开花，开放后就会吸引传粉者的到来。婺源凤仙花的传粉者主要是蜂类，当传粉者停在由翼瓣搭建的平台上时，因唇瓣入口狭窄，增加了传粉者进入唇瓣取食蜜汁的难度，而头部和背部就会触碰到入口处上方的雄蕊花药。当传粉者越想吸到唇瓣细长而弯曲的距里的蜜汁时，就越往里钻，也就会沾上更多的花粉，增加了传粉者与花药接触的时间，提高了传粉的成功率。

凤仙花属的属名"*Impatiens*"，拉丁文原意为"没耐心"，说的便是凤仙花种子传播的方式。婺源凤仙花的蒴果近棒状线形，仔细看果皮分成了5瓣。如果是成熟的果实，只需轻轻触碰果皮就会突然爆裂，把里面的褐色种子弹射到四面八方，这个特点使它有了"*Impatiens*"（没耐心）这个属名。

凤仙花果实会炸的小秘密在果皮上。它的果皮内壁有很多厚壁组织细胞，没有生命活性，细胞壁厚而缺少弹性，而果皮外壁的细胞生长快，吸水性能好，但是受制于内壁组织而无法放飞自我，积累了很大的压力。在这种一触即发的状态下，维持果实形态的却只有心皮接缝处那薄薄的组织。一旦外界有了风吹草动，脆弱的接缝就再也抑制不住果皮外壁的力量，整个果实分5瓣卷曲、爆开，以此将种子扩散到远处。

婺源安息香

安息香是波斯语mukul和阿拉伯语aflatoon的汉译，原产于中亚古安息国、龟兹国、漕国、阿拉伯半岛及伊朗高原，唐宋时引以为名。《酉阳杂俎》载安息香出波斯国，作药材用。《新修本草》曰："安息香，味辛，香、平、无毒。主心腹恶气鬼。西戎似松脂，黄黑各为块，新者亦柔韧。"

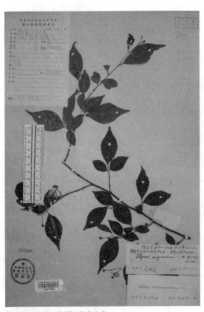

婺源安息香模式标本

安息香有泰国安息香与苏门答腊安息香2种。中国进口商品主要为泰国安息香，安息香与麝香、苏合香均有开窍作用，均可治疗猝然昏厥、牙关紧闭等闭脱之症，安息香兼可行气活血，又可用于心腹疼痛，产后血晕之症。

叶廷珪《香谱》云："此乃树脂，形色类胡桃瓢，不宜于烧，而能发众香。"全球的安息香植物种类达130种，主要分布于东亚、东南亚、南美、北美东南部，欧洲仅有1种。安息香药材历来依赖进口，主要来自东南亚的安息香种类所产的树脂。中国的粉背安息香（分布于云南、广西、广东）、青山安息香（分布于广西）、白叶安息香（分布于广西、广东）等也能生产安息香，但总香脂酸略低。其他安息香种类树脂的总香脂酸含量低，没有开发利用意义。

然而，安息香植物的花却是非常美的，每到开花季节，树上开满了白色的花朵，可能招引很多对香气敏感的昆虫来帮忙传粉。

1976年3月6日，在中国科学院华南植物研究所工作的植物分类学家黄淑美在研究安息香科植物时，发现李启和与陈策1959年4月6日采自江西省婺源县车田村村南河边的安息香与其他种类有所不同，于是将其暂定为婺源安息香（*Styrax wuyuanensis* S. M. Hwang）。同年7月13日，她看到存放于庐山植物园，也是李启和与陈策10天后采自婺源占才至坑头途中所采的另一号安息香标本，进一步证实了她的判断。她在这份标本上写道，"接近 *Styrax faberi* Perk.（白花龙），但花萼花梗无毛，接近 *Styrax japonicus* S. et Z.（野茉莉），但花冠裂片镊合状排列"。一年后的6月9日，她又见到了来自安徽金寨、休宁，浙江开化，以及法国植物分类学家 F. Courtois 采自婺源的标本，它们都具有同样的特征。于是，她以这些种类作为模式标本，1980年在《植物分类学报》发表了新采自婺源的正模标本，并分别存放于中国科学院华南植物园标本馆（IBSC）（馆藏条形码号为0002731）、江西省中国科学院庐山植物园标本馆（LBG）（馆藏条形码号为00011688）和江苏省中国科学院植物研究所标本馆（NAS）（馆藏条形码号为NAS00021473）。

婺源黄山鼠尾草

20世纪20年代，中国现代植物学刚刚起步，彼时，著名的植物分类学家秦仁昌先生入职东南大学。1924年开始，他带队到内蒙古、甘肃、青海、浙江、安徽、江西等地采集了2万多份标本，1925年6月16

日（现电子版中未见图片，且时间为1925年8月16日，疑为电子版录入过程中讹误较多），他到婺源采集标本，其中的秦仁昌4475号标本（现存中国科学院植物研究所标本馆，馆藏条形码号为01432026）在后来引起了我国唇形科植物分类学家孙雄才的注意。孙雄才发现采自婺源海拔750米的溪边的鼠尾草与黄山鼠尾草略有不同，婺源变种植物矮小，茎、叶、叶柄无毛，黄山鼠尾草的花冠长约1厘米，而婺源变种长达1.3厘米；黄山鼠尾草的下唇中裂片较大，半圆形至长圆形，先端微缺，全缘，而婺源变种的下唇中裂片长圆形；黄山鼠尾

婺源黄山鼠尾草

草的冠筒内面基部在子房上方有明显或不明显的斜向毛环，而婺源变种的冠筒内斜向毛环明显。孙雄才在编写《中国植物志·唇形科》时可能把这份标本暂定为婺源鼠尾草，但遗憾的是他在1964年春天因急性心肌梗死去世了。1964年4月1日，另外一位著名植物分类学家吴征镒在看到这份标本时，觉得应该放在黄山鼠尾草下面，作为变种。于是，他在标本上打的标签是 *Salvia chienii* Stibal var. *wuyuania* (Sun) C. Y. Wu。但在1977年，由孙雄才、胡俊镳、吴征镒在正式出版的《中国植物志·唇形科》一书中给出的名字是黄山鼠尾草婺源变种，拉丁学名变成了 *Salvia chienii* Stib. var. *wuyuania* Sun，这是正式发表时的学名。

孙雄才是钱崇澍和胡先骕先生的得意门生，他毕业后不久，就进入两位教授在南京建立的最早的植物学研究基地——中国科学社生物研究所植物部，专攻唇形科植物分类学。他从1932年起陆续发表了很多唇形科植物分类学论文，其中包括"南京唇形科植物""贵州唇形科植物之记载"浙江唇形科植物之一新种""中国鼠尾草属之记述"等。1959年，孙雄才接受中国科学院的委托，负责编写《中国植物志》唇形科鼠尾草属及香茶菜属，在逝世前完成了鼠尾草属的编写任务，并于1977年正式出版。

光叶紫珠

1906～1922年法国植物分类学家F. Courtois来到江苏南部和安徽采集植物标本。他将鉴定为长叶紫珠（*Callicarpa longifolia* Lamk.）的标本存放在徐家汇博物院（现上海自然博物馆）。彼时，植物分类学家Elmer D. Merrill受金陵大学（南京大学前身）植物学教授史德蔚的邀请，为金陵大学植物标本室进行规划，并与东南大学植物学教授陈焕镛、胡先骕、钱崇澍相晤。1927年，他把F. Courtois在婺源采集的标本作为模式标本，定为光叶紫珠（*Callicarpa lingii* Merr.），发表在《阿诺德植物园学报》（*Journal Arnold Arboretum*）上。尖叶紫珠与长叶紫珠的区别在于：长叶紫珠小枝稍四棱形，与花序和叶柄均被黄褐色星状绒毛，叶基部楔形，花丝通常长于花冠，花冠紫色至红色，稀白色；而光叶紫珠老枝圆柱形，无毛，叶片基部近心形，花丝通

光叶紫珠

常短于花冠，花冠白色，稀少紫色或红色。

紫珠属植物主要为灌木，少数可以长成藤本或乔木。该属植物全世界有190余种，主要分布于热带和亚热带的亚洲和大洋洲，少数分布于美洲；我国约有46种，是重要的紫珠资源原产地，其中婺源有11种。李振基和李两传所著的《植物的智慧》一书中揭示了紫珠属植物的花序是按$2n-1$的方式不断一分为二的，花序上可能有64朵花，结成64粒果，

也可能有128朵花，甚至可能有256朵花。

夏季是光叶紫珠的花期，6~8月，紫红色的聚伞花序从叶腋生出，叶片对生，一边一小伞。在山间旅游时，不妨停下脚步，数一数这紫珠上有多少朵花。

秋冬季是欣赏植物色彩的绝佳季节，除了大众争相追逐的各色秋叶，一些植物的果实也十分靓丽，成为这个季节中的焦点。果实的颜色通常为红橙橘黄，少见有蓝色和紫色。而偏偏就有这么一类植物以其紫色似珍珠的果子闻名天下，更以"*Callicarpa*"（意为"美丽的浆果"）作为属名，它们便是带着珠光宝气的紫珠属植物。它们在9月便能呈现出颗颗闪着金属光泽的紫色果实，如一粒粒珍珠布满树冠，晶莹可爱，紫珠的果期可长达几个月，即便是冬天叶片被寒风吹尽，被霜打凋零，它们那高贵的紫色珠串也依然挂在枝上，经久不落，是极为优秀的观果植物。宋代诗人刘一止在《次韵子我秋分一首》中有"紫珠犹卧穗，青蕊未浮杯"，很准确地描绘出紫珠属果实的形态和生长习性。

婆源兔儿风

大鄣山是婆源的北部屏障，属黄山余脉。这里也是"吴楚分源"的屋脊，是鄱阳湖水系乐安江与钱塘江水系新安江的分水岭。大鄣山群山环抱，山峰林立，森林覆盖率高达90.7%，主峰海拔1629.8米。

2018年，婆源县野生动植物保护管理站站长洪元华在大鄣山卧龙谷一带调查全国重点保护野生植物时，发现了1种陌生的兔儿风，便与浙江自然博物馆的徐跃良联系。于是，陈征海团队先后于2018年10月11日与10月18日到卧龙谷采集标本，对其进行标本解剖及资料查阅，确认它为植物新种，定名为婆源兔儿风（*Ainsliaea wuyuanensis* Z. H. Chen，Y. L. Xu et X. F. Jin），由陈征海、陈锋、洪元华、金孝锋联名发表在《广西植物》2020年第1期上。2份模式标本分别存放在浙江自然博物馆植物标本室（ZM）（标本号JX.WY18101103，采集人：陈征海、陈锋、洪元华）和九江森林植物标本馆（JJF）内（标本号18101886，采集人：陈征海、陈锋、查宝源、谭策铭）。

兔儿风属植物是菊科草本植物，一般叶基生呈莲座状，或密集于茎的中部呈假轮生状。头状花序狭，单个或多个成束排成间断的穗状或总状花序式，有时组成狭的或开展的圆锥花序，每一头状花序通常仅有3～5朵花。

兔儿风约70种，分布于亚洲东南部。我国有44种、4变种，除1种产于东北之外，其余均产于长江流域及其以南地区。亚热带地区最常见的是杏香兔儿风，阿里山兔儿风较为常见。兔儿风可以分为密聚组、多叶组和花葶组，新发表的婺源兔儿风属于

婺源兔儿风

密聚组中一个非常特殊的种，与本组的其他种类区别很大。在叶脉类型上看，与粗齿兔儿风比较接近，但婺源兔儿风的叶片较大，呈菱形或菱状卵形，顶端渐尖，基部楔形，叶缘中上部具1～2对裂片状粗大锯齿，两面无毛；总苞片顶端锐尖；瘦果较长，密被污黄色糙毛。

在其他地方有发现之前，婺源兔儿风是婺源特产的植物，仅见于婺源大鄣山的卧龙谷，要加强保护；同时，建议采集其瘦果，在周边的大鄣山范围进行扩繁；或在此基础上，对婺源大鄣山范围海拔500米左右的阴湿峡谷进行调查，估计不止分布在卧龙谷一处。

三叶毛茛

九江师范专科学校生物系的廖亮在研究毛茛科毛茛属植物的过程中，发现采自江西永修云居山的毛茛种类与毛茛有所不同。于是，他于1992年在《植物研究》上发表了三叶毛茛新变种。在文中，他把李启和与陈策1959年采自婺源大鄣山（鄣公山）的109号标本也作为模式标

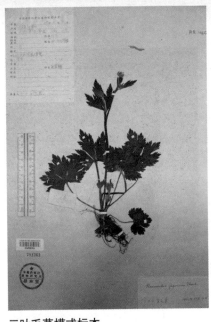

三叶毛茛模式标本

本，模式标本存中国科学院植物研究所标本馆。

三叶毛茛与毛茛的区别在于基生叶为三出复叶或三全裂。在染色体核型中，第6对随体染色体的随体较大，其相对长度大约是毛茛的1.4倍。

目前，三叶毛茛已知的分布地点仅在江西永新和婺源，是江西的特有物种，在婺源仅分布于大鄣山，宜加以保护。同时，建议采集其蓇葖果，在大鄣山范围进行扩繁。或在此基础上，在大鄣山一带进行调查，估计在其他地方也有分布。

婺源槭

婺源槭（*Acer wuyuanense* W. P. Fang & C. Y. Wu）是方文培和吴征镒1979年发表的新种，未能查到标本。根据《中国植物志》中的描述，其翅果连同小坚果长2.8～3厘米，比毛脉槭（2.3～2.5厘米）长，张开近于水平，而毛脉槭张开成钝角或近于水平。在《中国植物志》中婺源槭和毛柄婺源槭都作为毛脉槭（*Acer pubinerve* Rehd.）的异名了，在此仅存目。

婺源槭为落叶乔木，高5～7米。树皮深灰色或深褐色。小枝细瘦，无毛，淡绿色或淡紫绿色。冬芽细小，卵圆形。叶纸质，外貌近于圆形，长与宽均7～9厘米，基部圆形或截形，略近于心脏形，常5裂，中裂片和侧裂片长圆卵形或近于卵形，先端尾状锐尖，基部的裂片钝尖，裂片的边缘有紧贴的钝尖锯齿，裂片间的凹缺钝尖，深达叶片中段以下；上面深绿色，无毛，干后淡紫绿色。主脉5条，侧脉10～12对，在下面微显著，小叶脉不显著；叶柄细瘦，长3～5厘米，圆锥花序生于枝的顶端，长6～7厘米，直径约5厘米。花梗长1.5～2.5厘米。花杂性，雄花与两性花同株；5萼片，淡紫绿色，卵形或近于长圆卵形，长2毫米，宽1毫米，5花瓣，白色，椭圆形或近于倒卵形，略短于萼片；8雄蕊，与花瓣近于等长；花盘盘状，位于雄蕊外侧，无毛；子房被淡黄色硬毛，花柱圆柱形，无毛，长3.5毫米，在雄花中不发育。小坚果长圆形，长6毫米，宽4毫米，翅镰刀形，宽8～10毫米，连同小坚果长2.8～3厘米，张开近于水平。花期4月，果期9月。产江西北部至南部。生于海拔500～1200米的疏林中。模式标本采自江西省婺源、黎川两县。

婺源槭

承载乡愁记忆的植物

毕新丁

乡愁，无关贵贱，无关男女，也无关季节。

在婺源乡下长大的孩子，或是被乡下爷爷、奶奶，外公、外婆疼爱的城里娃，谁能没有关于苦槠、薤头、端阳艾的记忆？倘若对此一无所知，也算不得是个纯粹的婺源人。

苦槠

苦槠树，高大乔木，山毛榉目、壳斗科。喜阳光，耐旱，其植株寿命非常长。多生于海拔1000米以下低山丘陵地区。苦槠树是长江南北的"分界树"，过了长江最南段再往北就没有苦槠树了。苦槠树一般5月开花，10月果熟。婺源乡下村落水口、后龙山、大路旁常见其高大常绿的英姿。

苦槠

秋口镇言坑外村后龙山，有一片槠、枫、樟树混交古树林。山脚就是村小学校舍。记得20世纪60年代，笔者读小学时因口粮少而吃不饱，更无零食可吃，便在深秋时节，待放学钟声一响，约二三发小，背着书包去山上拾苦槠。然后，捡拾枯草黄叶，在山上平地点燃，就地煨苦槠解馋。有一次，在煨苦槠时忽然刮起了大风，差点引发了山火。当晚，我们几个发小都被父亲揍了一顿。第二天早读，我堂弟捂着被他爸打了"老栗子"的光头，悻悻地说："煨苦槠又苦又涩，没吃头……"

苦槠树的果子富含有淀粉，可以做"苦槠豆腐"或"苦槠粉条"。"苦槠豆腐"的制作很简单：把果肉磨成细粉，筛掉粗渣，煮一锅水，待其滚开时倒入苦槠磨的粉，并搅拌均匀，等变稠凝固取出摊凉，切成块状即成。然而，这种制作简单粗糙的"苦槠豆腐"不但有苦槠粉渣，且有苦涩味，不太受欢迎。精致的"苦槠豆腐"是用苦槠淀粉做的，味道不错，爽滑可口，但烹饪时如果少了猪油，会有青涩味，导致口感不太好。

藠头

藠头，百合科，葱属，多年生草本，鳞茎数枚聚生，狭卵状。有中空梗状叶片2～5支。从商代起，中国人就开始种植藠头，长江流域以南各省区广泛栽培，也有野生。

藠头

藠头的吃法很考究。鲜藠头切片、切丝炒肉，味道独特，而更多的是辣椒腌藠头，不但色泽晶莹鲜亮，口感辛酸嫩糯，而且馨香沁人，令人闻而生津，是开胃佐餐顺气佳品。

藠头性辛、味苦，含糖、蛋白质、钙、磷、铁、胡萝卜素、维生素C等多种营养物质，具有健脾开胃、延缓衰老、防癌等药用功效。干制藠头入药健胃、轻痰，可治疗慢性胃炎。据《神农本草经》载，藠头有治疮败、逆泄痢、疗胸瘅、散血、安胎等功效。

　　说到藠头，不能不说藠叶。细长的藠叶是婺源人做清明粿馅必不可少的原料。清明时节，婺源人家的女主人往往切碎辛香刺鼻的藠叶，掺入腊猪肠、豆豉，拌成粿馅，包进野艾叶和成的粿皮里待蒸。20世纪六七十年代，乡人多数腹中饥，忽闻家家藠粿香，人人恨不得一餐吃一屉。不过，如果粿馅缺少荤油，那么在饱餐一顿后，胃或许就受不了，往往引发阵阵难以忍受的烧灼感。尽管如此，饥肠、味蕾与节气混合的藠粿香，是婺源人记忆中抹不去的乡愁。

　　婺源的母亲们为孩子做的清明粿，都要在粿馅里放两三片薄薄的腊肉，并在粿皮上小心地做上记号。这种有记号的清明粿，大人是没口福消受的。记得那一年，笔者满心欢喜地捧着一碗有记号的清明粿走出大门，本想向小伙伴们炫耀一番，不料脚被一根篾片一绊，人倒地，碗碎了，粿也撒了一地。此时，只见怒目的父亲，高高抡起大大的巴掌，却轻轻地拍了拍我瘦小的肩膀，叹道："哎，侬只小……"[1]

　　跨过曾经的破碗碎片，绕过一地有记号的清明粿，父亲那高举的巴掌，与轻拍我瘦小肩膀的场景，亦是一次绕不过去的乡愁记忆。

端阳艾

　　端阳艾即艾草，多年生草本或略成半灌木状，植株有浓烈香气。端阳艾全草入药，有温经、祛湿、散寒、止血、消炎、平喘、止咳、安胎、抗过敏等作用。艾叶晒干捣碎得"艾绒"，制艾条供艾灸用，艾绒还可作为印泥的原料。

　　民谚说："清明插柳，端午插艾。"端阳艾与婺源人的生活有着密切的关系。一是端午节，这天，家家洒扫庭除，大人们

端阳艾

---

[1] 方言，普通话意为："哎，你这个小子……"

将新鲜艾置于家中大门、后门，用其特殊香味"消毒、避邪、驱瘴"。二是药用，这些"避邪"的鲜艾，挂在木门上数月风干后，干艾叶往往被家中女主人收藏起来，以备孩子风寒、泻肚，产妇洗澡、熏蒸，男女泡脚等不时之需，或者作为预防妇科疾患、老年哮喘、母婴感染等症状的"药引"。三是新生儿洗三朝，孩子出生第三天，要请"生婆"用艾叶、枳壳叶、桂圆壳、石菖蒲煮水，为婴儿沐浴更衣再见客，这便叫洗三朝。这些都与《本草纲目》"艾叶能灸百病"所载一致。

据汪口一位老人回忆：端阳节早上小孩起床后，妈妈要用红丝线、绿丝线打个网状"络"，里面装煮熟了的咸鸭蛋、大蒜头，还要拿彩色的布做成猴子等小动物挂在胸前。此等挂件俗称"挂端阳货"。这天，三岁的孩子要穿新衣裳。大人用手指沾雄黄酒，在小孩额头上写个"王"字以辟邪。各家各户在大门上插上驱邪的艾枝，用石灰撒在阴沟、下水沟内以灭蚊蝇。家里燃苍术、白芷、雄黄以驱赶蛇虫。中午，以豆腐、粿、饭、蒸菜等物祭祀。祭后，由祖母或主妇用艾枝醮雄黄酒洒向家中每个角落，边洒边念咒语："洒蚊虫，洒醋蝎①。洒得蛇虫蚂蚁外头歇，家里午时节，等到石壁开花、日出西方再来接。"念一句扔一个爆竹，直到结束。婺源端午日这种避邪、驱瘴、赶蛇虫的习俗与咒语，四乡略有差别。

承载乡愁记忆的植物还有许许多多，比如乡人称作"阳桃"的猕猴桃，称作"做茶范"的覆盆子，称作"春敬花"的映山红，以及杨梅、山楂、乌饭树、鸡心栗、苗笋、山蕨等，是每位婺源人，特别是乡下婺源人，难以忘却的、充满乡愁记忆的植物。

---

① 即毒蝎。因蝎子味酸，故名醋蝎。

婺源野果

王煊妮

100万年前，我们的祖先猿人还处于旧石器时代早期，还未学会如何耕种粮食，只能靠狩猎、采集以果腹。甘甜多汁的蜂蜜和野果，是非常珍贵的食物，对甜蜜的追求也因此烙进了我们的基因。

100万年后，我们的农业和科技得到了飞速的发展，轰轰烈烈的城市化减少了人们采集野果的机会，年轻人对山中果实味道的感受也只存在于书本和视频的描述里。

婺源，属中亚热带的山地丘陵地貌，2000余种植物在群山之中自由生长，为山中的飞禽走兽提供了富有能量的美味食物，也为山里的居民带来了美味的馈赠。

记忆中的"珊瑚珠"——悬钩子

在鲁迅先生的记忆里，童年的快乐就像多刺的覆盆子，"像小珊瑚珠攒成的小球，又酸又甜"。我们常提到的泡儿、野草莓、覆盆子、树莓等的这类果实，属于蔷薇科悬钩子属（*Rubus L.*）植物。悬钩子属种类非常多，全世界有700多种，中国有194种，婺源已有记录的有23种之多。

蓬蘽（*Rubus hirsutus*，俗称地泡）和山莓（*Rubus corchorifolius*，俗称树泡）是婺源春天里最常见的两种悬钩子属植物。蓬蘽果甜，咬起来能感受到它的种子颗粒，而山莓酸酸甜甜，入口即化，是五月里最美味的野果了。盛夏季节，也有成熟的悬钩子——太平莓（*Rubus pacificus*），味道却寡淡许多，结果也少，在草丛里很不起眼。秋天有高粱莓（*Rubus lambertianus*），果实成熟时一串一串的，像许多橙色的葡萄，外表很有欺骗性，吃起来却很酸。还有在腊月里成熟的寒莓（*Rubus buergeri*），这是一年里最后一种悬钩子，经常成片成片地

悬钩子

长在枫香林、茶园里，赶上季节能让你吃个够。寒莓果实颗粒饱满，富含水分，味道酸甜可口。

　　悬钩子虽然好看好吃，但它们都是不好惹的主。如同它的名字，它们叶背面、果序上、枝条上布满密刺，稍不留神手臂就会被刮伤。特别是红腺悬钩子（*Rubus sumatranus*，俗称牛奶泡），果实成熟时有小草莓一般大，口感甜甜糯糯，可并不敢多采，会被那密密麻麻的紫红色毛刺劝退……

　　婆源悬钩子资源丰富，由于它的果实不耐储存，没能成为水果超市里的常客，或许也正因为如此，它便成了游子心中乡愁记忆的一部分。

夏天的凉粉——薜荔

　　"绿豆汤、银耳汤、凉粉"，当街边的三轮喇叭声响起，夏天就开始了。虽然现在甜品的创意、口感不断推陈出新，婆源人的夏天依旧会给这甜品老三样留一隅之地，朴素而甜蜜。

　　绿豆和银耳可能全国普及，但正宗的凉粉可不是哪都吃得到的。制作凉粉冻的果实叫薜荔（*Ficus pumila*），婆源人俗称"凉粉果"，产自我国长江以南大部分地区，是藤蔓上结出的果实。

　　薜荔外形很像无花果，也确实和无花果是近亲，都是桑科榕属植物

的果实。桑科的果实富含果胶，吃过菠萝蜜的朋友肯定深有体会。薜荔

薜荔

的果实刚摘下的时候会流下许多黏稠的白色乳汁。但薜荔果和无花果不同的是，薜荔果不能直接食用，而是用它成熟的种子晒干后制作凉粉。凉粉的制作工艺比较复杂，首先采收成熟的雌果，用刀切开，将种子翻出，晒干后用纱布包裹，在水中揉搓，便能很快凝结成冻了。用纱布包裹凉粉子时，要记得放入石膏粉。

薜荔果做的凉粉，也叫木莲豆腐，是婺源的传统解暑清甜饮品。它于大热天时在街巷上被售卖。做好的凉粉撒上白糖，便是最清凉的夏日限定甜品。婺源人之所以在夏天时总是对"绿豆汤、银耳汤、凉粉"情有独钟，实因这老三样绝不含杂七杂八的化学添加剂。

婺源兰花的入世修行

刘芝龙

婺源兰花，来自山野

说起兰花，人们脑海中对它的印象可能是有着条带状绿叶，有点像韭菜的植物。一丛叶片里偶尔会冒出几朵小花，或黄色或绿色或杂色，至于到底是什么颜色，到底有几朵，可能每个人心中各有不同答案，毕竟这种兰花在婺源人的生活里可谓十分常见，也许在儿时爷爷家的墙角，也可能在工作单位同事的窗台上，或者在悠悠古道徒步时不经意瞥向的山

国兰园艺杂交种

野中。兰花总是那样静静地伫立在那里，它的身影出现在每个婺源人模糊的记忆中。

后来，时代发展了，更多美丽的植物涌进我们的生活。正如美到让人不敢相信它是真花的蝴蝶兰，出现在婺源的小巷花店，让一些侍弄了一辈子花草的老人家心中疑惑：蝴蝶兰为啥也带个"兰"字？这难道也是兰花么？

严格来说，还真是！

在科学领域里，我们把全世界的生物都按照界、门、纲、目、科、属、种的体系把亲缘关系最近的物种划在一个相同的门类，界的单位最大，种的单位最小（当然还有更下一级的分类如亚种、变种、变形，因为不常见，所以不过多讨论）。如人和黑猩猩，都属于动物界—脊索动物门—哺乳纲—灵长目—人科，然而接下来就不一样了，黑猩猩属于黑猩猩属，人属于人属，从这里便开始分道扬镳了。兰花也有一样的划分，兰花属于植物界—单子叶植物纲—天门冬目—兰科，这个科下的所有属和物种，都可以统称为兰科植物，也就是兰花。

兰科植物的家族太庞大了，是单子叶植物的第一大科，这个科下有900多个属，近28000个原生种。这里的"原生种"的概念，和"品种"是相对应的关系。原生种是指大自然中天然进化出的物种，而不是人工杂交选育出来的物种，人工选育出来的就叫"品种"。这28000个原生种分布也极其广阔，全世界除了极地和极端干旱的沙漠中心外，其他生境下或多或少都能看见原生种兰花的身影。婺源位于北纬29度附近，属于中亚热带区域，偏冷，分布的兰花就要少一些，现在已经发现的有30种左右（名录见文后），而我们最熟悉的那类叶片像韭菜的原生种兰花，如春兰、建兰、蕙兰等在婺源也都有野生分布，它们只是兰花里面很小的一类——兰属，在园艺和历史文化圈，该属的兰花被中国人叫作"国兰"。国兰和其他有血缘关系的小伙伴一起，在被人类大范围破坏之前，安安静静地生长在婺源各处村庄周围的山野之中。

它途径人世，经历一番修行

在人类把目光瞄向兰花之前，它绝对是植物界中绝顶聪明的存在。兰花可能最开始只是几亿年前一棵基因突变或随机遗传漂变的小草，它的子孙为了适应各种各样的生境，占领更广阔的区域，各显十八般武艺，逐渐演化出了它们各自的形态特征、生理特征、繁育策略等。这些兰花有的种类是地生，就像最常见的其他植物一样，根系扎在土壤里，茎秆和叶片努力向上生长。在我们印象里最熟悉的叶片像韭菜的国兰，大多数种类都是这种类型；有的种类是附生，附生兰比较奇特，它的根系并不扎在土壤里，而是附着在岩石或大树表面生长，它并不会吸收大树的营养，而只是长在它的树干枝条表面，靠吸收空气中及树干、岩石表面一点微薄的水分和养料来完成光合作用，当然这个过程里一些特定种类的菌也可能帮助附生兰完成一些吸收过程，这样的兰花在婺源较为少见，但并非见不到，如细茎石斛、单叶厚唇兰，在婺源还是有稳定的种群存在；还有一些种类是腐生兰，"腐生"，一个很有视觉冲击力的词汇，这样的兰花就更奇特了，它们没有叶绿素，甚至连一片通常意义上的叶片也看不到，能看到的也就是一棵直挺挺的花序从土壤里冒出来，花序上长些小花，通常还是奇奇怪怪的白色或黄色，显得与整个大自然都格格不入。这些腐生兰都不能进行光合作用，没法像其他植物一样自己养活自己，它们靠一种或几种特定种类的菌，吸收周围环境中的枯枝烂叶里的有机质，来提供营养，至于腐生兰会给这些菌以哪些回报，目前的科学研究还没有十分清晰的结果。当然，婺源也有这样神奇的种类，如大名鼎鼎的天麻，就是腐生兰的一种。

兰花的生长方式已如此奇特，但是和它多变的花朵形态相比，则是小巫见大巫了。兰花花朵的形态极其复杂多变，这也是其吸引植物学家和园艺爱好者的原因所在。通常情况下，一种兰花的花部形态特征是非常稳定的。全世界有28000种原生兰，也就意味着有28000种奇怪且稳定的兰花花朵。通过形态的归类来确定兰花的亲缘和分类，也是传统兰花分类的方法（当然现在也加入了分子生物学研究技术，直接从兰花的DNA遗传信息，来确定兰花的亲缘和演化关系）。这么多庞大的多样化的花部特征，我们怎么来确定一株植物是否属于兰花呢？笔者的经验是看花冠是否有健全的几个部分：1枚中萼片，2枚侧萼片，还有5个花瓣和1个美丽的唇瓣，当然还少不了1个由雌蕊和雄蕊合生长在一起的合蕊柱。如看到有这几个部分，就能大体上确认眼前的植物是兰花了。婺源的这几十种野生兰花也不例外，放在全世界的野生兰花里，这样的辨别方法大体上也不会出什么差错（兰科植物里的一些原始类群可能不太适用，它们的形态更奇特，当然也相对少见些）。

　　这些奇怪且美丽的花朵并不是为人类而存在的，更多的是为了吸引它们的传粉动物而进化出来的，传粉动物会帮助一些兰花授粉，让它们能结出种子并繁殖出下一代。为什么要提到这些呢？因为还有部分兰花结实并不需要传粉者，如多花脆兰，靠雨水来给它传粉；还有在婺源有自然分布的喜马拉雅绶草，可能会发生无融合生殖，它根本不需要花粉就能发育出种子，这可真的是"老天赏饭吃"。而那些靠传粉动物来授粉的植物呢，也常常离经叛道，不像一般植物一样提供花蜜来作报酬，而是进化出了更诡谲的极致——欺骗，甚至有性欺骗！比如一些兰花花朵会长成很像雌性蜂类的样子，有些会释放出能吸引雄性蜂类的性激素来"引诱"雄蜂和它"缠缠绵绵"，从而达到不提供报酬就让昆虫帮忙传粉的目的。作为连眼睛和嘴巴都没有的植物，竟然能如此恣意地欺骗动物，真是让人叹为观止。

婺源兰花，山野是归处

　　如果没有人类出现，兰花可能就会这样巧妙地周旋于森林里各种生物的竞争协作之中，独领风骚。然而，作为动物界中具有最强大脑的人类，怎么会无视这类"聪明又美丽"的植物小兄弟？《诗经》中就有"中唐有甓，邛有旨鹝。谁侜予美？心焉惕惕"的诗句，这里的旨鹝，就是今天一类很常见的兰科植物——绶草。这应该是人类有关兰花最早的文字记载。到后来，我们熟悉的屈原、孔子、王羲之，他们的经典著作里都时常有"兰"字的出现，但据专家考证，他们笔下的"兰"可能不是指我们今天的兰花，而是一类香草的总称，如菊科千里光属的一些植物。

　　到唐中期以后，中国人对于兰花的概念和认知开始与现代趋同。先有唐中期诗人唐彦谦的《咏兰》吟咏兰花，又有唐末期杨夔的《植兰说》教大家怎么种兰花，南宋时期的王贵学更是在《兰谱》中将兰花与"岁寒三友"松、竹、梅进行比较，并得出兰花高于它们的结论。至此，兰花，特别是其中的国兰便携着美好、高洁的寓意进入中国古代文人的生活，养兰赏兰还不够，人们还把它们画入画中，写进诗里，刻在家具上，烧制在瓷器上，如在我们婺源的砖雕和木雕上，就能看到国兰的身影。慢慢地，这种审美观念就被代代传承下来，刻入中国人的基因里，成为我们厚重的中华文化文明的一部分。

欧美人对于兰花的喜爱可能丝毫不逊色于我们，一百多年前的园艺家便热衷于到野外搜集兰花并进行人工杂交选育。至今，人类选育出的兰花可能已超过了18万个品种，是原生种数量的6倍还多，这里有相当的数量，都是欧美园艺家们的杰作。虽然亚洲的园艺家们可能起步稍晚一些，但在中国、新加坡、日本、韩国、泰国都已育出了数量庞大且让花客惊艳的兰花品系。

人与兰花的羁绊不仅体现在观赏上，中国古人认为部分兰花还有药用功效，如白芨、石斛、天麻等，一千年前已被中国人收入医药典籍。随着现代医学的发展，我们还知道兰花中的金线莲、绥草中有大量的类黄酮，能产生对人类身体有益的功效。机缘巧合之下，这些药用的兰花都在婺源有野生分布，甚至婺源的部分村落有采集单叶厚唇兰的习惯，村民认为它有医治感冒的功效。但是私自采集作为保护植物的野生兰，无论是观赏还是药用，都是万不可取的，有触犯法律的风险。

听长辈们讲，他们小时候的学校建在山坡上，早起上学的路上，就能采到一大把的兰花放在教室里，香上一整天。而近些年，走了那么多山中古路，却再也看不到那么多兰花了。一个科学的事实摆在这里：过度采集和栖息地丧失，是兰花濒临灭绝的主要原因。兰花的种子极其细小，体积还不到小米粒的1/3，且兰花种子内没有胚乳，不能像其他农作物一样种在土地里萌发，而是需要借助特殊的共生菌，在特殊的环境中才能

婺源的国兰原生种春兰

萌发出来。要想顺利长大，开花，结果，可能十万颗种子中都不一定有

一颗能有这种幸运。一个兰花种群的建立可能需要一百年,而破坏一个种群可能只需要一天。笔者曾目睹有人用了三天时间,将婺源东北部一整个山谷的兰属植物采挖殆尽,这种"高效"带给人的并不是喜悦,而是愤怒和悲伤。兰花生存于野外,有着说不尽的生态价值和科学价值,每一棵兰花可能都带有其特别的基因特征,这些不同的个体共同构成了兰花广博的基因多样性,远非利用人工植物组织培养获得的克隆体可比。挖到山下,通过非法交易,一株卖到十几元或几十元,不出两三年,个体就死亡了,一组特别的基因也可能就此终结。

值得庆幸的是,世界上的主要国家都缔结了《国际贸易保护公约》,全世界所有的野生兰都被禁止跨国贸易。全婺源的所有野生兰都被列入《江西省重点保护植物名录》,禁止非法采挖和贸易。在2011年修订的《国家重点保护野生植物名录(第二批)》(讨论稿)中,婺源自然分布的大部分野生兰花都被列入其中,部分类群还升为"国家二级保护植物"。这些野生兰花都将被庇佑在《中华人民共和国野生植物保护条例》之下,避免遭受非法迫害的命运。

婺源人养兰、爱兰的历史传承千年,野外的兰花不能采,历史传统也不能断。用人工繁育的方法快速、低成本地获得兰花种苗已被当地林业部门提上日程,我们可以利用人工授粉的方法让野生兰提高结实率,再少量采集它们的果实,然后进行非共生萌发及植物组织培养,这样就能在短时间内大量地获得种苗,而且这种后代也会继承它们在山中亲本的优良特性。相信人们在庭院之中养满具有"婺源血统"的兰花指日可待。

附:江西婺源野生兰科植物名录

无柱兰、金线兰、白芨、虾脊兰、钩距虾脊兰、金兰、杜鹃兰、建兰、蕙兰、多花兰、春兰、寒兰、扇脉杓兰、细茎石斛、单叶厚唇兰、天麻、斑叶兰、毛葶玉凤花、裂瓣玉凤花、短距槽舌兰、见血青、葱叶兰、龙头兰、黄花鹤顶兰、细叶石仙桃、二叶舌唇兰、独蒜兰、绶草、绶草未定种、带唇兰。

乌桕"无语"对专家

杨　军

乌桕（*Sapium sebiferum* (L.) Roxb.）为大戟科落叶乔木，对土壤的适应性极强，在海拔800米以下的低山、丘陵、湖区和平原普遍生长良好。

乌桕树

乌桕为中国特有的经济树种，种子外被之蜡质称为"桕蜡"，可提制"皮油"，供制高级香皂、蜡纸、蜡烛等；种仁榨取的油称"桕油"或"青油"，供油漆、油墨等用；种皮为制蜡烛和肥皂的原料，经济价值极高；乌桕树的枝干同时也是优良木材。

乌桕是一种彩叶树种，具有极高的观赏价值。叶形秀丽，秋叶经霜时如火如霞，十分美观，有"乌桕赤于枫"之赞。宋代林和靖诗曰：

"巾子峰头乌桕树，微霜未落已先红。"五月开细黄白花，深秋，叶子由绿变紫、变红，冬日叶落籽出，露出串串"珍珠"，这就是乌桕籽。其籽实初青，熟时变黑，外壳自行炸裂剥落，露出白色籽实经久不凋，颇美观。古人就有"偶看桕树梢头白，疑是江海小着花"的诗句。乌桕原在婺源分布极广，遍及各个村庄的茶园、田边、地头，然而，现已所见不多。个中原因，令人无语。

1959年9月，苏联茶叶专家贝可夫和哈利巴夫由江西省有关部门陪同，以中央人民政府茶叶考察团之名到婺源视察。9月并不是茶季，婺源也并不需要茶叶专家，他们来婺源，一是为向9月底来北京的赫鲁晓夫作汇报准备；二是为他们自己1952年在婺源违背客观规律瞎指挥，致使广大农民蒙受巨大损失的行为道歉。

原来，当年这两位苏联专家反对在茶园间作乌桕树。他俩把苏联高纬度地区日照少，茶树不需荫护的做法照搬过来，强求婺源仿效。他们责问："你们这里到底是茶园还是果木园？"第二天在县直机关干部大会上作指导报告时，贝可夫又指出："昨天到武口看茶园，发现很高的树林子里种有茶叶。这样会吸掉茶树的肥料，使茶叶减产。茶树应常照曝光，避免潮湿，被大树遮住阳光的茶树，这样不好。"当时，由于苏联是"老大哥"，加之当时的县领导无茶叶生产经验，县里对中央派来的"老大哥"的意见理所当然地作了认真贯彻。武口洲、鹤溪洲等几个较大的茶洲、茶坦中的乌桕树、梨树全被砍光了。1953年，茶园砍树波及面越来越广。

殊不知，砍掉茶园中的乌桕等荫护树，既降低了茶叶品质，也使农民蒙受了次生的经济损失——乌桕籽。乌桕籽原是婺源重要的土特产，一般农户都在茶园、田头栽几棵，采收后能换点零用钱，或榨成青油供点灯照明，或榨成皮油外销做工业原料。据《土特产产销概况》记载，1950年婺源县收购皮油20万斤，而1953年仅有1.2万斤。

现在看来，砍掉茶园中的乌桕树，还失去了最美乡村中一片片"天顶红伞，地铺绿毯"的绝妙茶园风光。

第九章

婺源生物

生物多样性宝库

詹荣达

    2017年9月，中共中央办公厅、国务院办公厅印发《建立国家公园体制总体方案》。2019年6月，中共中央办公厅、国务院办公厅印发《关于建立以国家公园为主体的自然保护地体系的指导意见》，提出建立分类科学、布局合理、保护有力、管理有效的以国家公园为主体、自然保护区为基础、各类自然公园为补充的中国特色自然保护地体系。一系列国家顶层设计的出台，明确了自然保护地体系建设在中国生态文明体制改革中的重要地位，也标志着中国的自然保护地体系建设迈入全面深化改革的新阶段。

    自然保护地是由各级政府依法划定或确认，对重要的自然生态系统、自然遗迹、自然景观及其所承载的自然资源、生态功能和文化价值实施长期保护的地域。生物多样性是人类生存发展、人与自然和谐共生的重要基础。生物多样性包括生态系统多样性、物种多样性和遗传多样性3个层次。

    自古以来，婺源民间就具有浓烈的自然保护意识。婺源自然保护地体系建设是保护生物多样性最有效的措施，在维护生态安全中居首要地位。经过60多年的努力，全县保护地总面积占县域国土陆域面积的12%，有效保护了全县几乎所有的陆地生态系统类型、与野生动物种群和高等植物群落。

　　自然保护区以保护具有婺源代表性的自然生态系统为目标，是全县自然生态系统中最重要、自然景观最独特、自然遗产最精华、生物多样性最富聚的区域。自然保护区这片净土，守护着珍稀动植物和典型的自然生态系统。随着政府对生态建设和生物多样性保护日益重视，婺源自然保护区得以蓬勃发展。截至2019年，共建立各种类型、不同级别的自然保护区2个，包括江西省婺源森林鸟类国家级自然保护区和婺源饶河源县级自然保护区。

　　自然公园是生物多样性保护的重要补充，境内有灵岩洞省级风景名胜区、灵岩洞国家森林公园、珍珠山省级森林公园、理田源省级森林公园和江西婺源饶河源国家湿地公园。它们在维护生态系统功能完整性、生物多样性的同时，也为公众提供了赏心悦目、风景宜人的游憩空间，成为自然保护地体系的重要补充。

　　近年来，婺源县通过整合组建了统一的管理机构，制定实施了一系列生物多样性保护政策措施，生物多样性保护也逐步纳入自然资源保护修复各类规划和计划，野生动植物就地与迁地保护网络不断得到完善，生物多样性保护监督检查力度不断加大，基础调查及科研稳步推进，宣传和国际合作不断深化。加上公益林、退耕还林和天保林项目工程建设，有力地推动了生物多样性保护工作，生态系统原真性和完整性得到提升，科研监测能力得到进一步加强，保护工作取得明显成效，并得到各方面的广泛认可；成立了生物多样性监测与研究网络，对生物多样性的变化开展长期的监测与研究，遥感、红外相机、基因技术、无人机技术等应用于生物多样性监测。各保护地还设置了生态公益管护岗位，优先吸纳生态移民和当地社区居民参与国家公园保护，推进了社区共管模式，使公众影响力迅速提升。

　　在县委、县政府的正确领导下，婺源坚持以习近平新时代中国特色社会主义思想为指导，认真贯彻党中央、国务院决策部署，坚持在发展中保护、在保护中发展；着力健全法规制度，实施生物多样性保护工程，扎实做好野生动植物资源保护工作，推动构建以自然保护区为主体的自然保护地体系；结合开展"国际生物多样性日"活动，进一步增强全社会生物多样性保护意识；加强国内外交流合作，为全球生物多样性保护作出积极贡献！

朱子与蓝冠噪鹛的情缘

吕富来

2021 年，是朱子诞辰 891 周年，也是蓝冠噪鹛科学发现 102 周年。

蓝冠噪鹛是生态环境的"试金石"，它对栖居环境有着极端苛刻的要求。站在联系论的角度看，朱子理学思想与"蓝冠噪鹛恋婺源"有着怎样的情缘呢？

万事万物都是有联系的。

翻开历史的画卷，透过婺源生态环境，似乎能触摸到一股温润的文化潜流，那就是朱子理学思想。没错，婺源是朱子故里，

朱子像

婺源生态文明离不开朱子理学思想的浸润和启迪。如果说，"释菜礼""开笔礼""朱子家训""朱子讲堂"等崇文重礼之举，是婺源百姓传承千年的文化基因，那么，朱子倡导的"万物一体""中和之道"等生态伦理思想，则是婺源人民延续千载的生态基因。

从这个层面来说，朱子文化基因与生态基因的有序传承、有机融合，成就了婺源"中国最美乡村"的金字招牌，铺就了婺源旅游发展举世瞩目的传奇之路。

如果，要用事例来说明朱子生态伦理思想对婺源百姓生态自觉的深远影响，那么，有这样的"一棵树"和"一只鸟"。

"一棵树"，便是婺源文公山的"杉树王"。

据记载，南宋淳熙三年（1176）春，朱子第二次回婺源省亲扫墓。他爬上九老芙蓉山尖，在朱氏四祖朱惟甫之妻程氏豆蔻娘墓地周围，依八卦方位种植了24棵杉树，寓"二十四孝"之意。朱子殁后，宋宁宗赵扩谥其为"文公"，当地百姓遂将九老芙蓉山改称为"文公山"。为了表示对朱子的崇敬，人们还在山上建了一座积庆亭，并立禁碑"枯枝败叶，不得取动"，官府还派兵员守护山上坟茔和参天林木。

如今，800多年过去了，朱子当年栽植的古杉木，长势依然旺盛，枝叶繁茂、挺拔葱茏。历经千年岁月沧桑，山上存活完好的16棵古杉木中，最高者达38.7米，最粗者胸围有3.07米，被誉为"杉木王"和"江南杉王群"。

1986年，著名学者王世襄在参观了文公山后，填词《望江南》称赞道："婺源好，乔木见人文。一亩偃柯盘匝地，十寻直杆耸凌云，树以晦翁尊。"

试想，若非受朱子生态伦理思想的熏陶和教化，婺源何以能留得住"杉木王"和"江南杉王群"呢？

朱子提出的"事亲之道以事天地""视万物如己之侪辈"等生态道德观，意在教育人们自省自重、自警自律，为婺源百姓守护了"清水绿岸、鱼翔浅底""蓝天白云、繁星闪烁"的生态美景，凝聚了思想共识，规范了行为准则，并使婺源摘得了"国家生态县""国家重点生态功能区""中国天然氧吧"等诸多荣誉。

千百年来，在朱子生态道德观的教化下，婺源百姓养成了尊重自然、敬畏山水的生态自觉，留下了"杀猪封山""生子植树"等村规民约和"养生禁示""封河禁渔"等自治石碑，延续了"枯枝败叶，不得取动"的生态规则……由此可以想象，婺源留得住文公山"杉木王"和"江南杉王群"，也就不足为奇了。

"栽下梧桐树，引得凤凰来。"有了树，也让婺源成了世界珍稀森林鸟类的天堂。其中，有一只可爱的小精灵，是对感恩朱子生态伦理思想的有力佐证。

这只鸟，即蓝冠噪鹛。

没错，这种栖居在婺源的鸟类"大熊猫"，是被列入2012年《世界自然保护联盟濒危物种红色名录》（IUCN红色名录）ver3.1——极危（CR）名录的鸟类，过去全球仅分布在中国婺源、中国思茅和印度阿萨姆三地，共计200只左右。1919年，这种可爱的鸟儿首次被发现后便一直销声匿迹。直至2000年，科研人员在婺源再次发现了它，一时引发世界轰动。2017年，《云南省生物物种红色名录》宣布，蓝冠噪鹛野生种群在该省已灭绝。婺源，因此成了"中国唯一""世界仅二"。

朱子诞辰与发现蓝冠噪鹛相距789周年。789周年，这可不是一个小数字。谁能想象到，这个"大数字"连接起了朱子与蓝冠噪鹛的情缘。

婺源，是蓝冠噪鹛的春夏栖息地，主要栖息点位于城郊秋口镇石门村的一个汀洲上。这里有一片风景绝佳的水口林：清澈溪流环抱着参天的天然常绿阔叶林、林深树密、倒影成景、清静

蓝冠噪鹛

幽雅。蓝冠噪鹛将碗状鸟巢筑在樟树、枫香、苦槠等大树偏离主干的枝梢间，当起了"隐士"。它们喜食昆虫，也吃蚯蚓、野生草莓、野杉树籽等，且特别爱洗澡，是天生的"泳士"。而石门汀洲的"自然财富"精准满足了蓝冠噪鹛的"身心需求"，可谓天赐良缘。由此，让蓝冠噪鹛成了婺源的"生态名片"和生态文明的"代言人"。

按理说，石门村并非"桃源"，而是一个"闹市"。它距离婺源县城3.6千米，距离黄山机场85千米，距离景德镇机场77千米……村庄周边车来车往、人流如织。然而，这个"闹市"，为何能吸引蓝冠噪鹛的挑

剔目光呢？

石门村的制胜法宝，在于受朱子生态道德观潜移默化的熏陶和教育，生态文明意识深入人心，使婺源全域近3000平方千米变成了一个文化生态大公园。在这个大公园里，有193个自然保护小区、1个森林鸟类国家级自然保护区、1个灵岩洞国家森林公园、1个国家级AAAAA景区、14个国家级AAAA景区、13个国家生态乡镇、2个省级森林公园……全县森林覆盖率超82.64%、植被覆盖率超90%，处处都有"生态保障"，处处都是"绿色屏障"。如此，也让蓝冠噪鹛有了安全感、起了眷恋心。

这只可爱的小精灵，在全球"大海捞针"，最终看中了婺源；它在全球"大浪淘金"，最终选择了婺源……

朱子没有见过蓝冠噪鹛，蓝冠噪鹛不知何谓朱子。这种"未知""不知"的情缘，超越时空、跨越界限，似乎更加感人肺腑。

2000年，蓝冠噪鹛在婺源被发现，当时其种群约有150只。如今，其种群约有250只。每年4月，往往在一场春雨过后，人们会突然发现蓝冠噪鹛又悄然出现在了空气清新、云雾缭绕的婺源"安乐窝"。然而，在夏末完成繁衍后，它们便带着当年的幼鸟消失在茫茫远山之中。其间，它们究竟去了何方，又在哪里度过漫长的冬季，至今仍然是一个谜。

谜，是一种不会凝固的解。

有谜胜无谜。

人不负青山，青山定不负人。

婺源既然能为蓝冠噪鹛提供"安乐窝"，那么，当地百姓自然也不愁温饱问题了：有了石门汀洲，周边成了科普研究基地；有了湿地公园，"撒网"的渔翁成了"模特"……更不用说，这里兴起的农家乐、林家乐、茶家乐，带动了百姓"洗脚上岸"；这里兴起的摄影驿站、写生之乡、摄影基地，带动了百姓"就地就业"……没有任何虚华的语言，却能诠释"绿水青山就是金山银山"的生动内涵。

透过朱子与蓝冠噪鹛的情缘，我们似乎领悟了：有一种力量，不受时空限制；有一种守望，不受地域相隔……

首善原创，自然保护小区

郑磐基

创新理念

婺源古代建村，选村址极为慎重，既要四周群山环抱，又要村内溪水贯通，讲究宅院沿溪而建，依山而立，溪桥沟通。为了改善村庄的生活环境，村庄前面通称的"水口山"和村庄背后的"后龙山"实行封禁，不准任何人砍伐一草一木，使村庄周围至今仍保留了小面积高大的天然林。面对婺源众多分散小块的村庄水口、后龙山的天然林，值得思考的是婺源村庄传统的环保意识，是如何从改善村庄环境的观念，上升到保护生物多样性理念的，如何从受村规民约保护的山林，上升到自然保护区的管理模式的。

1992年4月，《科技日报》刊登中科院李庆逵等3名学部委员所提出的"应建立微型森林自然保护区"的建议，指出目前我国自然环境受到严重破坏的地区，往往是人口稠密、交通便利、经济活动频繁的低山丘陵地区，在这类地区，建立大面积集中的自然保护区是不现实的，但是，如果在一个林（农）场或一个乡镇，分散建立一些面积几十亩至几百亩的微型森林保护区是可行的。同年5月，《中国林业报》报道了由108位专家、教授联名的"关于建立社会性、群众性自然保护小区"的倡议。这条很不引人注目的报道，却让婺源林业部门如获至宝，茅塞顿开，对多年保护小片天然林的困惑也找到了解决办法，并立即开展全县调查，投入自然保护小区的研究，以便将专家、教授们的倡议尽早在婺源县实现。

1992年7月初，结合秋口乡党委、政府在渔潭村的后龙山建立自然保护小区的经验，笔者写下了《关于婺源建立乡、村自然保护小区的商讨》一文，阐述了在婺源历史上为保护村庄环境而封禁的各个乡村的后龙山、村口森林中分别建立自然保护小区的理念。同年8月28日，县委《婺源政研》1992年第3期上刊登了此文。

实践推广

提出建立乡、村级自然保护小区的理念，得到了婺源县委、县政府的大力支持。1992年8月22日，婺源县政府下发《关于开展我县自然保护小区调查规划工作的通知》（婺府办字〔1992〕43号）。在县林业局的配合下，1993年这一年内，全县共建立自然保护小区188处，总面积35.37万亩。联合国专家、德国弗莱堡大学森林生物统计教授帕尔斯到江西考察时赞誉："婺源建立自然保护小区的做法，不单在中国是一个很成功的模式，而且对世界各国来说也是一个值得借鉴的典范。"

笔者于1992年构想创建自然保护小区的理念，通过在婺源一年多的实践调查分析，在1993年底完成了《关于建立自然保护小区的研究》论文。1994年，北京筹办在婺源举办纪念詹天佑诞辰活动，在全国征集科技论文并进行评比，该论文经县科协呈送评选，并引起中国发明协会的重视。1994年4月14日，时任中国发明协会会长的武衡，为此文专程飞抵维也纳，从发明者协会国际联合会主席法拉格·穆萨的手中领取"世界发明奖"奖杯回北京。4月26日科技论文评比后颁奖，在颁奖会上，该论文获二等奖。武衡会长赴江西婺源，将"世界发明奖"奖杯亲手授予笔者，还授予婺源县人民政府"国际科学与和平贡献奖"，以表彰婺源在创立自然保护小区理念上所作出的突出成绩，并高度赞扬了这一构想对我国自然保护与生物多样性保护事业所带来的积极作用与影响。

1994年5月，全省"自然保护区建设和野生动植物"保护管理工作会议在婺源植物园召开。会上省林业厅严金亮副厅长作报告，要求各地要认真学习借鉴婺源建立自然保护小区的经验；婺源县政府作了《依托林业生态资源优势，加强自然保护小区建设》的介绍；会后，江西省林业厅留下一个调查组，根据全国林业厅局长会议的部署和部领导的指示，为了探索一条适合江西省情的林业分类经营路子，在婺源县进行了典型调查，并与婺源县委、县政府就完善制度，在该县自然保护小区建设的基础上进行林业分类经营试点等问题充分交换了意见，取得了共识。最后，写出《建设自然保护小区对我们探索林业分类经营路子的启示》调查报告呈送北京。论文《关于建立自然保护小区的研究》于1994年9月正式发表在江西环保局的《环境与开发》季刊上。

婺源创建自然保护小区的做法，于1995年被国家林业局誉为"婺源模式"进行全国推广；2000年1月23日，国家林业局将《关于建立自然保护小区的研究》评为社会林业工程项目优秀论文一等奖。2001年2月3日，《人民日报》刊登国家林业局的权威发布："截至去年底……全国还建立各类自然保护小区5万多处，总面积135万公顷"；同年2月9日《中国绿色时报》报道："……截至2000年底，全国已建立自然保护小区50319处，总面积135.58万公顷"；2003年，婺源得到中国科协科普项目专项资助，由江西科技出版社出版发行《自然保护小区建设基本知识》一书。

提升功能

婺源失踪近百年的世界极危鸟种——蓝冠噪鹛（原黄喉噪鹛），历经6年，经多方找寻，直至2000年5月24日才重新发现它的踪迹。同年6月1日，《人民日报》刊登题为《销声匿迹八十载，山林寻它千百度——黄喉噪鹛重现婺源》的文章。后经专家认定为新种，原黄喉噪鹛命名为婺源"蓝冠噪鹛"。

2000年蓝冠噪鹛被重新发现后，婺源立即开展了蓝冠噪鹛自然保护小区建设与保护小区的功能研究。2002年得知举办福特汽车环保奖的评选后，婺源有关部门提交了"婺源蓝冠噪鹛自然保护小区建设与保护小区功能研究项目"成果的申报材料。经过艰难的审查、筛选、实地考察，以及赴北京进行专家答辩后，才获得2002年福特汽车环保奖自然环境保护项目奖金为20万元的一等奖。10月17日，颁奖会在北京人民大会堂举行，由全国人大常委、环境与资源保护委员会主任曲格平为一等奖获得者颁奖。其获奖理由为："婺源自然保护小区的理念和做法在全国应是首创，以建立自然保护小区的形式达到某一特定的受威胁物种的繁殖，更是目前所知的全国唯一一例。从2002年黄喉噪鹛的繁殖状况看，这种做法效果甚佳，为物种保护尝试探索出一条新的途径。这项目负责人之一郑磐基致力于林业生态保护40余年，在规划和建立自然保护小区的研究与实践过程中，走遍了婺源的村庄、山林，在全县范围内组建首批自然保护小区188处。他们探索出的自然保护小区模式，为密切自然生态与村落的结合，建立人与自然相处的关系提供了可资借鉴的经验。"

坦里村自然保护小区

2002年10月20日婺源县林业局下发《关于成立婺源黄喉噪鹛自然保护小区建设与保护小区功能研究项目课题组的通知》（婺林发〔2002〕

10号）。2012年末，笔者应邀参加CCTV-4《流行无限》栏目以婺源自然保护小区为题材拍摄的《打造中国最美乡村——郑磐基》55分钟专题影片。该片于2013年1月6日在CCTV-4《流行无限》栏目首播。

经过多年观察，婺源蓝冠噪鹛的分布范围和种群数量未见增加，依然非常珍稀。2000年8月，国家林业局将其列入《国家保护有益的或者有重要经济、科学研究价值的陆生野生动物名录》；世界环保组织也极为重视，2007年6月，国际鸟类保护联盟将其列入世界极危物种名录；2009年，《世界自然保护联盟》将其列入国际鸟类红皮书；2016年，国务院批建婺源国家级森林鸟类保护区后，婺源特有、世界极危的蓝冠噪鹛，因成为国宝而被人们倍加珍爱；2019年，《森林与人类》第10期发表了题为《蓝冠噪鹛：钟情婺源》的文章，以婺源命名的世界极危鸟种蓝冠噪鹛，成为当今宣传婺源生态保护的一张名片；2020年7月，国家林业和草原局、农业农村部的《国家重点保护野生动物名录》，将蓝冠噪鹛列为国家一级重点保护野生动物。

灵秀美乐——饶河源县级自然保护区

杨 军

　　"高峡平湖，山乡明珠"的饶河源自然保护区位于赣东北的婺源县段莘乡与溪头乡境内，北与安徽省接壤，是饶河的源头区域。因系原生态宝地，孕育了千峦献奇、万谷汇碧的自然环境，温和湿润、宜人的气候条件更是四季惬意。保护区内植被类型丰富，半原始森林和大面积的天然次生常绿阔叶林盎然耸翠，其间古树名木郁郁葱葱，珍奇花卉争妍斗艳，药用植物触目可及；众多的动物于此快乐生活，珍贵物种种源在此悠然繁衍，使珍贵物种基因得到了保存和交流。所以说，饶河源的美丽可爱，美在"古树高低屋，斜阳远近山"，可爱在"野物今盈群，奇鸟依旧多"。

饶河源县级自然保护区生态林

饶河源之乐——乐山水

如果想要领略"会当凌绝顶，一览众山小"的气魄，那就登上五龙山吧。其海拔1468.5米，主峰顶有一块20多平方米的长方形平地，沿东西北三个方向，先分出三条山脉，一条伸向岭南婺源，一条伸向西田，一条伸向回溪，神似飞龙。回溪一脉伸出不到千米，腾空而起，又分出三条支脉，富有神秘传奇的色彩。在此，晨观红日喷薄，昼望云海翻浪，夕看绚丽晚霞，夜思摘星揽月。另有"人间仙境"阆山，新寺的大石壁，表面细腻光滑，油光发亮，是天然的大晒场，"公鸡""母鸡""檐底""八仙桌""石狮""石象"等天然石头无不生动形象，栩栩如生，仿若天赐佳作。

若想要感受"每逐青溪水，随山将万转"的柔美，那饶河源的水会让你魂牵梦萦。饶河水之源头，其间瀑布成群，随处可见的石上清流，游鱼可数的小潭，碧波万顷的水库，水鸟嬉戏，四面青山倒映于绿水之中，水天一色，美不胜收。在东北坡上的山坳里还有20世纪90年代建成的素有"天池"之称的晓庄水库，其拦河大坝设计巧妙，气势恢宏。晓庄水库的水经隧道灌入段莘水库，使隔山两湖，息息相通。

饶河源之乐——乐桥屋

闲上山来看野水，古屋残桥亦可观。婺源饶河源古属徽州，因此明清徽派建筑鳞次栉比。一处处古村落，是生态文明的绿宝石，是建筑艺术的博览园，更是宗族文化的活化石。粉墙黛瓦、飞檐戗角、石库门坊、高宅厚墙、水磨青砖，这些精雕细刻的徽派古建筑，伴随着逶迤延伸的古驿道，或隐现于青翠山林，或倒映在清溪水面，无不显示出其经历了岁月的流逝，风霜的洗礼，古朴而典雅。无论在古老的村庄中，还是在山野的小河边，高大、茂盛的大树把饶河源的村落装点得秀美清新而又古意盎然。

小桥、流水、人家，古道、清风、日影。听着水声，哼着小曲，迎着暖阳，远离喧嚣，卸下烦恼，静享这片刻的恬然。略长的苔绿，沟沟壑壑里黑褐色的朽木，微透着与时间抗衡的坚毅。桥下溪水，哗哗流过，与林中风声、树叶声、小鸟嘤鸣声，共同奏出完美的协奏曲，甚是欢愉，纵使在那维也纳大厅又怎能闻此天籁？"啼莺舞燕，小桥流水飞红"的意境也不过如此。

饶河源之乐——乐草木虫鸟

若说山川绮丽，小桥流水秀美是饶河源的独特风光，那草木虫鱼的和谐更属灵钟慧秀、人间精妙！

保护区植被的垂直分布非常典型，植被类型主要有常绿阔叶林、常绿落叶阔叶混交林、针阔混交林、针叶林、竹林、山地矮林、灌丛草甸和人工植被等。据调查，在保护区的核心区，有块状保存较好的半原始林和大片天然次生常绿阔叶林。保护区受山地小气候影响较明显，雨量充沛，水热条件好，孕育了丰富的植物资源，已调查到的高等植物种类较多，其中国家重点保护珍稀濒危野生植物有6种，省级重点保护野生植物有21种。特别是多处分布的古树群落和大面积常绿阔叶林等，都是珍贵的天然林资源。

暖春，我们看百年香樟"碧玉妆成一树高"，亭亭如盖；油菜花漫山遍野，清风拂过，如金浪流动；春茶初露新芽，向人们慷慨奉献清新味道；梨花簇成束，滚成团，如雪般乐为人开。炎夏，如果恰逢雨天，那无疑是幸运的，藏在砖瓦间、雾气里的，是那种说不出的唯美与诗意；淅淅沥沥的小雨落在青翠的枝头，落在紫色的马鞭草花海，落在河面上，落在游人的伞上，叮叮咚咚，缠绵悱恻。金秋，饶河源强势的美向人汹涌而来，菊花的金，银杏的黄，湖北山楂的红，映山红的艳，点缀山间，一丛丛，一簇簇，高不过膝，盘虬老枝横逸斜出，尽显龙钟老态，神奇地坚守着山脊。隆冬，红枫还未褪下它华丽的红妆，展示着不需任何点缀的洒脱与不在意世俗繁华的孤傲；南方红豆杉点点红果与白雪交相辉映，融成一幅古典画卷。

草木有情，虫鸟成趣。保护区内野生动物种类也非常丰富，其中属国家一级重点保护动物有黑麂、白颈长尾雉；属国家二级重点保护动物有21种，如黑熊、黄喉貂、苏门羚、赤腹鹰、小隼、白鹇、雕鸮、虎纹蛙等。如果夏日有幸来游，"蛙声篱落下，草色户庭间"的声韵，那种博大、和谐，像一首来自山间的轻音乐。还有多姿多彩的蝴蝶曼舞林间，或鲜明或暗淡，既高贵又端庄，颇有一份"穿花蛱蝶深深见，点水蜻蜓款款飞"的意趣。冬日可爱，各色鸟类栖息于此，或嬉于水间，或翱翔天空，软软鸟语，平添几分生动。

野趣天成的饶河源国家湿地公园

张　琳

　　"青山绿水，美景如画，珍禽异兽，天人合一。"这是饶河源国家湿地公园的真实写照。

石门洲

　　该湿地公园位于赣、浙、皖三省交界的婺源县境内，北起秋口镇政府大楼附近水坝，南至小港村附近桥梁，主要包括星江干流及其周边滩涂。公园总面积351.13公顷，湿地面积307.62公顷，湿地公园湿地率87.6%，且全部为天然湿地。公园分为三个功能区：保育区、恢复重建区和合理利用区。

公园内湿地生物多样，景观资源丰富，生态系统完整。经初步统计有湿地维管束植物58科、169属、218种；野生脊椎动物共计404种，隶属于34目100科，种数占江西已知脊椎动物总种数的47.8%。值得一提的是，湿地公园月亮湾发现了国内特有的蓝冠噪鹛野生种群，被列入2012年《世界自然保护联盟濒危物种红色名录》（IUCN红色名录）ver3.1，属极危（CR）等级动物。此外，湿地公园还有国家一级保护野生动物2种（如白颈长尾雉、中华秋沙鸭），国家二级保护野生动物37种（如虎纹蛙、鸳鸯等）。

饶河源五龙山源头水

呵护湿地生态系统

在婺源，蓝天、青山、碧水，小桥、流水、人家，粉墙、青砖、黛瓦，天人合一，相映成趣，被誉为"中国最美乡村"。近年来，婺源整合资源，多措并举，全力推进饶河源国家湿地公园的建设。

湿地公园从2009年开始筹建，2010年9月28日创建省级湿地公园，2013年12月30日通过国家林业局专家评审，批复开展国家级湿地公园试点建设，2016年8月17日通过国家林业局验收，正式成为"国家湿地公园"，2020年5月29日正式列入第一批《国家重要湿地名录》。

饶河源国家湿地公园通过对主要湿地区域和重要湿地类型及其生物多样性的保护与管理，全面维护湿地生态系统的结构完整性和生态功能，有效防止湿地生态系统的破坏。同时，通过建立湿地资源可持续利用体系，以及加强湿地资源监测、宣教培训、科学研究、管护体系等方面能力的建设，全面提高湿地有效保护、科学管理和合理利用水平，保持并最大限度地发挥湿地生态系统的多种功能和多重效益，实现湿地资源的可持续利用，使其造福当代，惠及子孙。

野趣天成处处景

婺源处处是景，饶河源国家湿地公园内更是古树参天，繁花似锦，如梦如幻，其中最具代表性的便是月亮湾。

饶河源县级自然保护区

月亮湾与村庄相邻，由林地、灌丛、茶园、农田、菜地、河流等地类组成，总体森林覆盖率约30%，属典型的人工与自然结合的复合生态系统。其中紧靠村庄的河岸树林以高大的古樟、苦槠、毛竹、枫杨等多树种混交组成，郁闭度达95%，是蓝冠噪鹛种群最为喜爱的筑巢繁殖点。蓝冠噪鹛全球仅存200只左右，是中国乃至整个亚洲最稀有的鸟类之一，而这200只蓝冠噪鹛几乎全部出现在婺源境内。

月亮湾因为江心洲如一轮眉月而得名，它依山傍水，水面平静如镜。春日田野金灿灿的油菜花、翠绿的茶叶、古朴的民居点缀得绚丽多姿，使之呈现出一幅中国古代水墨山水画。放眼望去，一湾湖水如弯月静卧水面，袖珍的小岛，翠绿的湖水静谧流淌。笼罩在晨雾中的山峦跌宕起伏，山下黛瓦白墙组成的古村落在袅袅炊烟中呈现，正是"生于路边，成于天然"的绝美景色。

飞禽美丽了婺源山水

黄黎晗　李振基

　　婺源的鸟类在全国以至于全球都很有特色。2010年笔者对婺源森林鸟类自然保护区进行了综合科学考察，也曾多次带队自然教育活动来到婺源，对婺源的鸟类有大概的了解。简言之，婺源的鸟类具有以下3种特性。

　　一是多样性。婺源的鸟种估计在300种以上。截至2013年，依据中山大学王英永根据杨剑声的观测记录、自己的观测记录和很多观鸟人员的观鸟记录，删去不太确定的种类，共收录了290种。这在一个小县域的范围内，是较为丰富的，许多观鸟新手，到婺源之后，很容易增加自己的观鸟记录。

蓝冠噪鹛

　　二是稀有性。婺源有蓝冠噪鹛等许多珍稀鸟类，尤其是蓝冠噪鹛，仅分布在婺源，种群数量仅275只左右，其他如白腿小隼、白颈长尾雉、红腹角雉、白鹇、鸳鸯（部分留鸟），都很容易在婺源见到。秋冬季节，鸳鸯（数以千计的冬候鸟）和中华秋沙鸭来婺源越冬，有的年份，白鹤、遗鸥、小天鹅、鹗等也绕道婺源，停歇休息。

三是丰富性。婺源人爱鸟，风水林、稻田、溪流、库塘中都可以看到鸟。以白腿小隼为例，在其他地方不容易看到，但在婺源好几处地方可以看到；还有鸳鸯，不仅仅在鸳鸯湖可以看到，在饶河源的很多河段也都可以看到。

从自然教育的角度出发，婺源的很多村落、河段都适宜观鸟，不只是观珍稀鸟类，也不一定是为了增加自己的观鸟记录。在这些地方，可以探寻人与自然的关系，了解鸟类的行为生态学，还能观察鸟类求偶、教育、筑巢、鸣叫等。

蓝冠噪鹛

蓝冠噪鹛（*Garrulax courtoisi*），属体型较小的画眉科鸟类，顶冠蓝灰色，特征为具黑色的眼罩和鲜黄色的喉。上体褐色，尾端黑色而具白色边缘，腹部及尾下覆羽皮黄色而渐变成白色。活动于常绿树林和浓密灌丛，于地面杂物中取食，喜食昆虫，也吃野生草莓、野杉树籽等植物种子。

1919年9月下旬，法国神父瑞维埃（Riviere）在婺源获取了3只蓝冠噪鹛标本，这是有关蓝冠噪鹛的最早记录。瑞维埃将3只标本送到徐家汇博物院（现上海自然博物馆），该馆馆长柏永年（Frédéric Courtois）将其中2只标本送回了法国，保存在了巴黎的国家自然博物馆。1923年，法国鸟类学家Henri Auguste Ménégaux依据这两号标本描述了一个噪鹛新种——*Garrulax courtoisi*。

1994年3月，德国动物物种和种群保护协会（ZGAP）资助在中国科学院动物研究所工作的何芬奇在婺源寻找courtoisi亚种的踪迹，直到1997年11月8日，终于找到了2只。到2000年的5月，何芬奇和婺源的郑磐基等，最终找到了两个繁殖群，但种群数量不足100只。

2006年，英国著名鸟类学家、国际鸟盟红皮书和《IUCN红色名录》的主要编撰者考勒尔博士（Dr. N. J. Collar）在《Forktail》杂志上发表文章，将原黄喉噪鹛东南亚种（*Garrulax galbanus courtoisi*）重新升格为独立种 *Garrulax courtoisi*，下辖亚种 *G. c. simaoensis*（思茅亚种），并提议使用"Blue-crowned Laughingthrush"为该种的英文名。

蓝冠噪鹛，属雀形目画眉科，是一种体型中等的鸣禽。它具有蓝灰色的顶冠、黑色的眼罩和鲜黄色的喉。上体褐色，尾端黑色具白色边缘，腹部及尾下覆羽皮黄色渐变成白色。由于种群数量不到300只，蓝冠噪鹛被IUCN认定为极危物种。由于目前已知种群很小，且分布区严重破碎化，蓝冠噪鹛的野外种群面临着很大的灭绝风险。

婺源的村落依山傍水，村落后方便是当地保护良好的风水林。风水林亦是生物多样性的富集之地，蕴藏着众多森林生物，包括许多国家重点保护的珍稀古树和丰富多样的鸟类和动物。其中，蓝冠噪鹛的繁殖和日常活动就选择在近河流的村落风水林中。婺源蓝冠噪鹛的分布与村落风水林有着不可替代的依赖关系。

位于月亮湾的风水林由枫杨、樟树、枫香树、朴树等树种组成，分布在河流两侧和沙洲上，林内树木高大，枝繁叶茂。每年3月下旬或迟至4月上旬，蓝冠噪鹛种群先后到达各自固定的繁殖地。它们在繁殖季节中高声鸣叫，此起彼伏，很是动听。蓝冠噪鹛喜欢集群营巢在树冠层，枝梢间筑碗状巢，以躲避赤腹松鼠等天敌。它们常采用干枯细长的草茎、藤茎、棕榈丝等筑巢，巢内无铺垫物。卵呈白色，椭圆形，由雌雄鸟共同孵化，孵化期12～13天。在繁殖期，常见数只蓝冠噪鹛驱逐进入巢区的松鼠，共同护巢。它们喜欢集群在风水林树冠层、树干、林下或林缘灌丛、草丛、茶园、河岸灌丛以及房前屋后的菜地等觅食。它们喜食昆虫，也吃蚯蚓、树木果实等。

蓝冠噪鹛特别爱洗澡，每天都会在饶河边植被隐蔽的地方，成群地洗澡。它们会沾一下清水，然后扇动翅膀，对羽毛进行梳理清洗。

蓝冠噪鹛独特的生境选择与生态习性，正体现了蓝冠噪鹛与婺源森林植被的联系。它们将繁殖地选择在村落旁的风水林，而迁离繁殖地后飞向了天然次生常绿阔叶林。

因为婺源有保护村落生态林群的良好传统，蓝冠噪鹛才得以繁衍生息至今。因此，加强保护和发展村落生态林群，形成网络体系，这将有助于蓝冠噪鹛的保护与种群恢复，也有益于乡村生物多样性的保护。

白腿小隼

婺源有很多白腿小隼，其中以婺源晓起村的白腿小隼最为出名。晓起村有成片的樟树林，在当地称作风水林。婺源人自古以来就有卜居的习惯，一般沿河而居，并在水口种枫香树、樟树、苦槠和枫杨。这些古树为白腿小隼等鸟类提供了优越的栖息环境。早在20世纪90年代，婺源就在全国率先建立了"自然保护小区"，对当地动植物开展了积极有效的保护。2016年5月，在此基础上又成立了江西婺源森林鸟类国家级自然保护区，是全国唯一以森林鸟类为主要保护对象的国家级自然保护区。白腿小隼和蓝冠噪鹛等森林鸟类就生活于此。

白腿小隼

白腿小隼就生活在这些高大的风水林树冠上。它们大都栖息在离居民区不远的古树林中，而晓起村的白腿小隼尤其喜欢在村口的古树顶上栖息，因此每年都有大量的国内外观鸟爱好者慕名而来。

白腿小隼比麻雀体型大些，头部和整个上体蓝黑色；前额有一条白色细纹，沿眼先向上与白色眉纹汇合，再往后延伸在颈部前侧汇入白色下体；尾羽黑色，外侧尾羽有白色横斑；嘴暗黑色，脚和趾暗褐色或黑色。

白腿小隼是一种高度依赖古树的猛禽，与它的邻居蓝冠噪鹛相似，它们栖息和繁衍都离不开古树。它们常常成群或单个栖息于古树树冠顶枝上俯瞰四周，或在空中盘旋寻觅猎物，一发现食物便会俯冲或盘旋攻击，捕获猎物时善用锋利的爪子。如果捕获的是蜻蜓、蝴蝶和蛾子等小型昆虫，就会立即吞食；如果抓获的是小型鸟类或蛙等较大猎物，就会带到大树顶端再吃。

每逢4～6月，白腿小隼就会在高大的古树上被啄木鸟废弃的洞中做巢，由雌鸟负责在洞中孵卵，雄鸟在洞外进行警戒并给雌鸟提供食物。幼鸟孵化后往往正赶上蜻蜓的活跃期，附近的河面和灌丛上空飞舞着不计其数的蜻蜓，为繁殖期的白腿小隼提供了充足的食物。平均看来，成鸟带回巢的食物十有八九都是蜻蜓。在亲鸟的守护下，小白腿小隼在5月中下旬就能长出羽毛，去探索洞外的世界啦。

优越的森林环境让白腿小隼能与村民们和谐共处，在婺源人民的保护下，白腿小隼的种群数量也越来越多。

鸳鸯

婺源生态环境优美，河水清澈，河道中有一座又一座的埛（小水坝）。自古以来，河道中水量充足。随着鸳鸯湖和段莘水库等的建成，湖面让鸳鸯有了更适宜的越冬环境，加上婺源人爱鸟，因此每年鸳鸯都会如约来到鸳鸯湖越冬，甚至成为留鸟。在民间风俗中，鸳鸯代表着爱情、夫妻、婚姻和对彼此的忠诚。它们出双入对，比翼双飞，吸引了不少人前去观赏。

在春秋时期就有对鸳鸯的记载，最早的记载源自《诗经·小雅·鸳鸯》，里面有"鸳鸯于飞，毕之罗之"和"鸳鸯在梁，戢其左翼"的描述，意为鸳鸯双双飞翔，遭遇大小的罗网；鸳鸯相偎在树上，将嘴巴插进左翅的羽毛里进行梳理。

鸳鸯

唐代吴融的《鸳鸯》中有"翠翘红颈覆金衣，滩上双双去又归"；李商隐的《石城》中有"共笑鸳鸯绮，鸳鸯两白头"；宋代曹组的《鸳鸯》中有"蓣洲花屿接江湖，头白成双得自如"。这几句诗读下来感觉描述的既像鸳鸯又不像鸳鸯，反而很像在形容赤麻鸭，头白，翅膀的翼镜上透着绿色的光泽，全身金黄。

鸳鸯在古时又叫鹥鶒（xīchì），宋徽宗赵佶的《御河鹥鶒图》中画的鸟就是鸳鸯。到了清代，鸳鸯一词的使用率越来越高，鹥鶒这个名字也渐渐淡出了人们的视野。

鸳鸯是一种长得极有个性的鸭子，是的，鸳鸯属雁形目的中型鸭类。它们会在中国东北地区繁殖，在长江流域及以南地区过冬，但并非所有鸳鸯都会迁徙，夏季在婺源鸳鸯湖中也可看到鸳鸯，在很多地方水塘水库一年四季都可看到鸳鸯。

雄性鸳鸯外貌华丽，特征明显。而雌性鸳鸯没有雄鸟华丽的羽毛，全身以灰褐色为主，体型与雄鸟相似，有白色的眼圈，眼后有一道白色的条纹直伸到颈部，嘴巴为黑色。雄鸟的嘴巴为红色，在夏季时，雄鸟会褪掉一身华丽的繁殖羽，全身羽毛就会长得和雌鸟差不多，但嘴巴的颜色不会变，依旧是红的。

鸳鸯常出双入对，在水面上追逐嬉戏，悠闲自得，勾起文人墨客的羡慕与联想。唐代孟郊《烈女操》中"梧桐相待老，鸳鸯会双死"，宋代苏庠《清江曲（其一）》中"属玉双飞水满塘，菰蒲深处浴鸳鸯"等诗句无不表达了对鸳鸯的羡慕之情。在人们心中，鸳鸯是永恒爱情的象征，是一夫一妻，相亲相爱的表率，认为鸳鸯一旦结为配偶，便终身相伴，不离不弃。其实，这只是人们的一厢情愿，或是通过联想产生的美好愿望。事实上，鸳鸯在生活中并非时刻成对生活，有些鸳鸯的配偶也非终生不变。在鸳鸯的群体中，雌鸟远多于雄鸟，即便在求偶交配的过程中雌鸟和雄鸟也会偷偷寻觅新欢，且一旦交配过后，鸳鸯的"蜜月"期也就结束了，到那时，雌鸳鸯将担起孵卵抚育后代的艰苦重担，雄鸳鸯则可能又去另寻觅新欢了。

冬季鸳鸯湖上有数以千计的鸳鸯聚集，形成了一道壮观的风景。

白颈长尾雉

白颈长尾雉是鸡形目雉科大型雉类，国家一级重点保护野生动物，被IUCN列为近危种，是中国特有鸟类。它们和大多数雉类亲戚一样雌雄异色。

白颈长尾雉雄鸟的额、头顶、枕部灰褐色，后颈灰色；脸部裸露皮肤呈鲜红色，眼上有一个短的白色眉纹；上体和胸部灰栗色，上背和肩部具有一条宽的白色带，下背和腰部黑色具白斑；尾羽有50厘米长，灰色而具栗色横斑；颏、喉、前颈黑色，腹部白色。雌鸟体羽大都棕褐色，上体满杂以黑色斑，背上还有白色斑；喉和前颈黑色，腹部棕白色；尾羽较短，夹杂黑褐色斑点和横斑，褐色低调的外观适合在育雏工作中作为保护色。雌性和雄性的双脚都是灰蓝色，只是雌鸟脚上没有叫作"距"的尖刺。它们中大多数有4趾，第一趾朝后生长，第二、三、四趾朝前，第五趾完全消失。但在一些类群中，第五趾发育成骨质加角质的"距"。这在鸡形目的雄性身上尤其常见（如在公鸡的脚上），而雌性的距相对退化。一般认为，距用于争斗竞争配偶和交配时夹住雌性。

白颈长尾雉

　　白颈长尾雉仅分布于中国的江西、浙江、福建、安徽南部、湖北东南部、湖南、广东、广西、贵州、重庆等地，栖息于海拔1000米以下的低山丘陵中，以阔叶林和混交林为最适栖息地。由于白颈长尾雉听觉敏锐，性胆小、谨慎且机警，在野外直接观察到的机会很少。1872年，白颈长尾雉在浙江宁波附近的山地首次被采集命名。红外相机的普及，使人们对白颈长尾雉的了解更多。伴随着环境的逐渐转好，现在在山区也能经常偶遇白颈长尾雉。

　　白颈长尾雉喜欢集群活动。一般3～8只小群活动，很少超过10只。它们在雄鸟的带领下在茂密的树林中游荡、觅食，主要以野生植物的嫩茎叶、果实、种子为食。白颈长尾雉一般早晚活动觅食，过程中始终保持高度警惕状态，不时抬头观望。当它们发现或感觉危险时，会先疾跑几步，然后停下观察，如果发现没有危险，就会继续觅食；要是发现危险，就会立马起飞或疾跑，同时发出尖锐的叫声。到了夜间，它们会夜宿在树上，在较密的乔木、灌木层和草本层中这些具有很好隐蔽条件的地方夜宿。

　　白颈长尾雉也会到农田取食谷物种子，有时吃昆虫和土壤动物。白颈长尾雉为一雄多雌制，以一雄二雌和一雄三雌最为常见。交配结束后，雌雄分开生活，雌鸟一般立即离去，自行在较隐蔽的林内林缘的岩石下筑巢，并完成孵卵与育雏任务，而雄性则会在繁殖栖息地内游荡活动。

　　江西婺源林区是白颈长尾雉重要的栖息地之一，婺源森林鸟类国家级自然保护区更是它们适宜的栖息环境，不仅红外相机时常能拍摄到，有时它们也会大方地出现在大家的视野中。

中华秋沙鸭

　　这是一种长着锯齿尖嘴，会上树的鸭子，全球数量仅5000只左右。作为候鸟的它们每年在东北和西伯利亚等地区繁殖，冬季飞往南方越冬。每年冬季，至少有10只中华秋沙鸭迁徙至江西婺源石枧等河中越冬，婺源干净清澈的河水是它们重要的越冬地之一。

中华秋沙鸭

　　第一次见到中华秋沙鸭，便是在婺源的星江上。沿着岸边走，就看见远处有一只大体白色的鸭子，在碧绿的水面上仿佛浪花一般。它头部黑色，上面飘着几根长长的羽毛。尽管初次相见，但我知道那是只雄性的中华秋沙鸭。这种鸟很好识别，它们红嘴红脚，身体两侧的羽毛布满规则的鱼鳞状斑纹。过了一会儿，又有一群鸭低飞过来，落在水面上。群中有几只斑嘴鸭，还有的是中华秋沙鸭的雌鸟，头颈部呈棕褐色，头顶的冠羽也略短些。几只鸭聚在一起，扑打水面、抖动翅膀、相互追赶，时而还发出粗犷而短促的叫声。

中华秋沙鸭的游泳和潜水技能非常好，每次潜水时间多在20～35秒间。它们几乎整个白天都在水上活动，常常边游泳边潜水，游泳速度快而有力。潜水时，胸部先离开水面，再头部向下钻入水中，潜水最长时间能超过1分钟。中华秋沙鸭在水中捕食鱼类和水生昆虫，鱼类一旦被它们叼住就很难逃脱，因为它们的上下喙两侧边缘长着锋利的锯齿，再滑的鱼也难从它们的嘴中逃脱。

中华秋沙鸭在河流中，在岸边或在水中露出来的石头上休息，几乎不上岸活动。它们常沿河流飞行，一般不高飞，多在离水面2～10米的高度飞行。它们的尾脂腺非常发达，梳理羽毛时就会把尾脂腺分泌的油脂均匀地涂到羽毛上，以达到疏水的目的。

中华秋沙鸭的视力极好，动作神速，在空中飞行时，如果500米之内的地面出现移动的人，它们会马上收起翅膀，从空中扎入水中。

因为分布区域狭窄、数量稀少，中华秋沙鸭被IUCN和《中国脊椎动物红色名录》均评为濒危（EN）。婺源良好的河流环境为中华秋沙鸭提供了丰富的食物和栖息地，每到冬季都会吸引大批爱鸟人士前来观赏拍摄，同时也为当地带来生态经济的发展，促进了对中华秋沙鸭的保护。

漂亮的宽鳍鱲

黄黎晗

步行于婺源河谷溪流边，能看到宽鳍鱲游弋于清澈河谷溪流中，水面红粉一闪便没入水草深处，艳丽而炫目。我国有长鳍鱲和宽鳍鱲之分，在南北方都有，并以桃花鱼为其名。它们身披蓝绿条纹鳞甲，展翼皆着桃红色，甚是漂亮。

宽鳍鱲

一身讨喜色

在婺源清澈的河谷溪流中，宽鳍鱲是优势鱼类，在我国也分布广泛。它们体长而侧扁，腹部圆，头短，吻钝，口端位，稍向上倾斜，唇厚，眼较小；背鳍无硬刺；胸鳍、腹鳍小，其起点位于背鳍起点下方；臀鳍基部较长；尾鳍灰色，后缘呈黑色，尾鳍分叉深，尾柄鳍短而高，一般背部灰黑色带绿色，臀鳍粉红色或红色带绿色光泽。它们喜欢集群，嬉游于水流较急、底质为沙石的浅滩。杂食性，以浮游甲壳类等为食。

炫丽的成长过程

进入繁殖期的宽鳍鱲雄鱼，所有的鳍都从粉红色变成血红色，尤其是长长的臀鳍色彩异常艳丽，每只鳍的外缘鳍条都会带着闪烁耀眼的虹彩；眼底开始充血，直至虹膜整个变成血红色。同时它的头部会出现大量密集的锥形白刺。经过一番追逐，求偶成功后就会双双游向深水处，雌鱼在水生植物的茎叶间或者石缝中产下带有黏性的卵粒，雄鱼随即使卵受精，约72小时，小鱼就破卵而出了。

幼年的宽鳍鱲，无论雌雄都是无色半透明的。生长到一定阶段，雄鱼身上的条纹便会逐渐显现，臀鳍逐渐变宽并且拉长。成熟后的雄鱼，会拥有非常宽大的红色臀鳍，这也是宽鳍鱲名字的由来。

由于生性嗜动，摄食量也多，它们不但能控制小型水生动物的数量，进食受污染水域河床物体表面真菌与细菌长成的菌团，同时也是水鸟等的食物。在本土，有它所在的流水淡水便能够在生态系统平衡上占据独特位置。虽然能栖息于有轻度污染的淡水，但假若数量剧减，即表示水环境条件曾经或现已恶化，仍能作当地水域的"指示物种"。成熟个体可长达20厘米左右，栖息于近表至底部水层。在河溪生境受污染时，能在雨季河溪水量充沛时清除石面的残留菌团，加快恢复河溪生态。

附 录

婺源县近年获取省级以上生态荣誉一览表

序号	颁发机关	生态荣誉名称	颁发日期
1	江西省委办公厅	第一批省级生态文明先行示范县	2015年10月30日
2	国家生态环保部	国家生态市、县（市、区）名单	2016年1月12日
3	国家生态环保部	第一批国家生态文明建设示范县	2017年9月18日
4	国家林业局	全国森林旅游示范县	2018年11月
5	国家生态环保部	"绿水青山就是金山银山"实践创新基地	2018年12月12日
6	国家环保部有机食品发展中心	国家有机食品生产基地建设示范县	2019年1月8日
7	江西省发展和改革委员会	江西省生态产品价值实现机制试点县	2019年5月8日
8	国家文化和旅游部	首批国家全域旅游示范区	2019年9月20日
9	国家文化和旅游部	国家级徽州文化生态保护区	2019年12月25日
10	国家发展和改革委员会	生态综合补偿试点县	2020年2月12日
11	全国农技中心	全国农作物病虫害"绿色防控示范县"	2020年3月19日
12	江西省"新村办"	江西省第一批美丽宜居示范县	2020年6月3日

注：以颁发时间为序。

婺源县近年出台生态保护政策文件一览表

序号	文　件　名	文　号	发文日期
1	《婺源县大气污染防治方案》	婺府办字〔2018〕16号	2018年2月2日
2	《婺源县农村环境综合提升实施方案》	婺办字〔2018〕32号	2018年4月23日
3	《婺源县2018年农村生活污水治理工作实施方案》	婺办字〔2018〕27号	2018年4月23日
4	《婺源县2018年农村生活垃圾专项治理工作方案》	婺办字〔2018〕36号	2018年4月23日
5	《婺源县贯彻落实〈江西省长江经济带"共抓大保护"攻坚行动工作方案〉的任务分工方案》	婺办字〔2018〕124号	2018年9月28日
6	《婺源县重点区域森林美化彩化珍贵化建设工作方案》	婺府办字〔2018〕175号	2018年10月19日
7	《婺源县林长制实施方案》	婺办字〔2018〕134号	2018年10月19日
8	《婺源县农村人居环境整治三年行动实施方案》	婺办字〔2018〕136号	2018年10月19日
9	《关于全面加强生态环境保护坚决打好污染防治攻坚战的实施方案》	婺发〔2018〕21号	2018年11月26日

注：以发文时间为序。

续表

序号	文　件　名	文　号	发文日期
10	《婺源县农村人居环境整治村庄清洁行动实施方案》	婺府办字〔2019〕54号	2019年4月28日
11	《婺源县关于进一步深化绿色殡葬改革实行常态化管理的实施意见》	婺办发〔2019〕5号	2019年6月21日
12	《婺源县生活垃圾分类实施方案》《婺源县垃圾分类试点工作实施方案》《婺源县易腐垃圾（餐厨和厨余垃圾）收集、运输、处理实施方案》	婺府办字〔2019〕103号	2019年8月15日
13	《婺源县推进生态鄱阳湖流域建设的"十大行动计划"实施方案》	婺办字〔2019〕126号	2019年12月10日
14	《婺源县自然保护地整合优化和生态红线评估调整推进工作方案》	婺府办字〔2020〕17号	2020年4月3日
15	《婺源县城区生活污水处理提质增效三年行动方案》	婺府办字〔2020〕30号	2020年5月15日
16	《婺源县高质量推进美丽集镇建设的实施方案》	婺办字〔2020〕41号	2020年6月14日
17	《婺源县在养禁食人工繁育野生动物处置实施方案》	婺府办字〔2020〕52号	2020年7月29日
18	《婺源县2020年"厕所革命"建设工作推进方案》	婺办字〔2020〕55号	2020年8月17日
19	《婺源县2020年农村生活污水治理工作推进方案》	婺办字〔2020〕70号	2020年10月16日
20	《婺源县国家生态综合补偿试点工作任务分工方案》	婺府办字〔2020〕81号	2020年9月30日

后 记

　　"生态"一词，源于古希腊语，意指家或者我们的环境。现在通常是指生物在一定的自然环境下生存和发展的状态，也指生物的生理特性和生活习性。

　　文明，指社会发展到较高阶段表现出来的状态，是人类历史积累下来的有利于认识和适应客观世界、符合人类精神追求、能被绝大多数人认可和接受的人文精神、发明创造的总和。

　　基于上述认识，我对"生态文明"的理解是：它既不是"生态＋文明"，也不是"文明＋生态"。"生态文明"如同一枚硬币不可分割的两个面。

　　在古代，婺源先人不知何为"生态文明"，却一直在家园中传承着生态文明的基因，践行着生态文明的思想，巩固着生态文明建设的成果。习俗上，他们世代敬树神，年年春栽树，岁岁护水源；村规中有禁带刀进水口林、上后龙山，违禁者则要"杀猪封山"的规条；诉讼中，不惜打一场多年的生态官司，不乏为一片后龙山林而与邻村"成仇"的案例……因而千百年来，在婺源这方小天地中，每个古村落，都有一泓清水映着绿冠如云的水口；每座起伏的山峦，都披着绿色的盛装。不难想象，生活在这里的人们，享受着壶天洞水的生态环境。

如果说婺源先人践行的是"小"生态文明，那么，中华人民共和国成立后，婺源各级政府则在巩固先人"小"生态文明建设成果的基础上，建设着"大"生态文明。为大环境甘舍小家，如乐平顺利建成共产主义水库，城西关停粉尘超标纤维板厂，工业园拒绝污染企业，全县封禁阔叶林等一系列重大生态举措，无一不在践行习近平总书记"绿水青山就是金山银山"的重要论述。如此，婺源才有了今天无际青山、不尽绿水的美丽家园，才使得"中国最美乡村"的名声享誉天下。婺源县生态文明建设取得令人瞩目的成就，既验证了习近平总书记这一重要论述的中华文化底蕴，又凸显出婺源人领会、贯彻、践行这一重要思想的结果。

总结，是经验推广的必要手段，是让世人共享生态文明这一精神财富的重要途径。

由此种种，婺源县发改委、老科协才有了写这本《生态文明 美丽婺源》，全面介绍婺源生态文明建设著作的动议。本书的出版，对于提高全社会对生态文明重要性的认识，对于提高世人对婺源生态文明建设成就的认知度，都具有重要意义。

感谢婺源老乡、厦门大学生态学院李振基教授和婺源林奈实验室刘芝龙博士等生态实践工作者，感谢婺源德高望重的叶文毓先生，感谢文字工作者、摄影师们的供稿、供图，以及佚名摄影师的热心参与、支持，为后人留下了这本展现婺源生态文明前世今生的著作。

毕新丁

辛丑年正月元宵之夜